自動車産業への
警鐘と
期待

AIが変える
クルマの未来

中村吉明

NTT出版

はじめに

読者のみなさんに、まずクリステンセンの「イノベーションのジレンマ(注1)」という概念を思い出していただきたい。

「イノベーションのジレンマ」とは、優れた特色を持つ製品を売る「巨大企業」が、その特色を改良することのみに目を奪われ、顧客の別の需要に目が届かず、その製品より劣るが新たな特色を持つ製品を売り出し始めた「新興企業の前に力を失う」ことをいう。優良企業は顧客のニーズに合わせて従来製品の改良を進め、ニーズの見えないアイディアは切り捨ててしまうのである。

現在、自動車産業では急激な構造変化が起きている。ＡＩ、ＩｏＴを活用した自動運転車やコネクテッドカーが注目され、それらと親和性のある電気自動車が脚光を浴びている。ライドシェアリングなどの動きはクルマを所有から利用へと変えつつある。

二〇一六年のパリモーターショーで、独ダイムラーのＣＥＯディーター・ツェッチェ氏は、このような動きを「ＣＡＳＥ」と呼んで、クルマの未来のトレンドを次の四要素にまとめた。

C（Connected）　コネクテッド・接続
A（Autonomous）　オートノマス・自動運転
S（Sharing）　シェアリング・共有
E（Electric）　エレクトリック・電動化

同社の今後の戦略の柱として掲げられたこのトレンドは、旧来のガソリンエンジン車（ハイブリッド車を含む）で主役を務めてきた「巨大産業」が「新興企業の前に力を失う」事態を予感させる。

自動車産業の「巨大企業」とは、自動車組立メーカーのトヨタ、日産、フォルクスワーゲン（VW）、ゼネラルモーターズ（GM）などであろうか。また、「新興企業」とは、グーグル、テスラか、ボッシュ、コンチネンタル、デンソーか、はたまた、ウーバーテクノロジーズ、ダイソンだろうか。

このようななか、「巨大企業」は賢く変わろうとしている。「新興企業」もスピード感を持って動き始めた。どちらが勝つか負けるか予断を許さないが、確実に言えることは、自動車産業の産業構造も雇用も大幅に変わるということである。

本書は、この変わりゆく自動車産業の変革の動きを丹念に整理し、今後の方向性を示唆することを目的とする。各章はテーマごとに完結させたので、興味のある章から読み始めていただきたい。

すでにＡＩの全体像は理解している方ならば、序章は読み飛ばしていただいてかまわない。自動車産業の現状と問題点をすでにご存じならば、それらをまとめた第1章も飛ばして第2章から読んでいただくのがよいかもしれない。一方、シェアリングエコノミーが自動車産業にどのような影響を与えるかに興味がある読者は第4章を精読していただきたい。第四次産業革命における自動車産業の制約について知りたいならば、第5章がお勧めである。

他産業もまた第四次産業革命の真っただ中にあるが、自動車産業ほど、その影響を受ける産業はないのではないだろうか。この十年で、自動車産業の産業構造と雇用構造は確実に変わる。本書が、そのための備えの一助となれば幸いである。

ＡＩが変えるクルマの未来　目次

第1章

激変する自動車産業 ——AIとモジュール化

第2章 自動運転
――モノづくりからサービスへ

第3章 つながる革命 ——スマート工場とコネクテッドカー

第4章 シェアリングエコノミー――破壊的イノベーション

- 「所有」から「利用」へ
- 拡大するシェアリングエコノミー
- カーシェアリングの変容
- 「Uber」の衝撃――ライドシェアリング
- 制度上の4つの問題
- タクシー業界の覚醒
- 既存業界との戦い――政府の役割、企業の役割

コラム 民泊の今

第5章 だれが成長を妨げるのか——法規制のゆくえ

- 未来のクルマ社会を妨げるもの
- 整備途上の法制度
- 主導権を握るのはだれか
- 省庁の壁は問題か
- GAFAへの対抗軸
- 「トロッコ問題」と倫理的課題

コラム 日本のダイナミックマップ戦略

序章

AIがゲームを変える

⊚社会に浸透するＡＩ

最近、新聞でＡＩ（人工知能：Artificial Intelligence）という単語を見ない日はない。この注目を浴びるＡＩとはいったい何なのだろうか。理解を深めるために、まず、以下に三つの事例を示そう。

①宅配事業者（ヤマトホールディングス）が、荷物の問い合わせなどの顧客とのやりとりや効率的な輸送ルートづくりにＡＩを使い始めた。

②デパート（三越伊勢丹）が、ディープラーニング（深層学習）というＡＩ技術を使って、顧客の好み（センス）を学習することにより、テイストの似た商品を提案するようになった。

③鉄道会社（東日本旅客鉄道（ＪＲ東日本））は、ＡＩ技術を用いて、コールセンターに寄せられる質問に適切な回答を作成したり、インターネット経由で寄せられる大量の意見や要望を集約、分類し、サービスの向上に努め始めた。

これらはいずれもＡＩの活用といっているが、「ビッグデータ」解析の一種ともいえる。コンピュータの能力の向上により、大量のデータの蓄積が容易になり、それらの解析が進化したことによる産物である。さらに、今回のＡＩブームのブレークスルーとなった「ディープラーニング（深層学習）」の貢献も大きい。特に注目すべきなのは、今回のブームでは、サービス業も含めた国民の身近なところまでＡＩ技術が実装されつつあることにある。

これらの事例は、いわゆる「弱いＡＩ」の社会への浸透である。ＫＤＤＩ総研は、「ＡＩを実現しようとする目的は大きく二つあり、脳の機能全体をコンピュータ上に再現しようとするものと、人間の特定の知的活動をコンピュータに代替させようとするものである」としている(注1)（**図1**）。前者が「強いＡＩ」、後者が「弱いＡＩ」である。先ほどの三つの事例もそうだが、「弱いＡＩ」の実装が急速に進んでいる。

他方、今日のＡＩブームの根源、「ディープラーニング」の進展に伴い、「弱いＡＩ」だけでなく、「強いＡＩ」を視野に入れた海外企業の動きが激しい。

例えば、米グーグルは、自らが持っていない技術をＭ＆Ａ（合併と買収）で補完することで有名だが、二〇一四年一月、ＡＩの開発を手がける英ベンチャー企業、ディープマイン

図1　人の脳とAIの汎用性についての比較

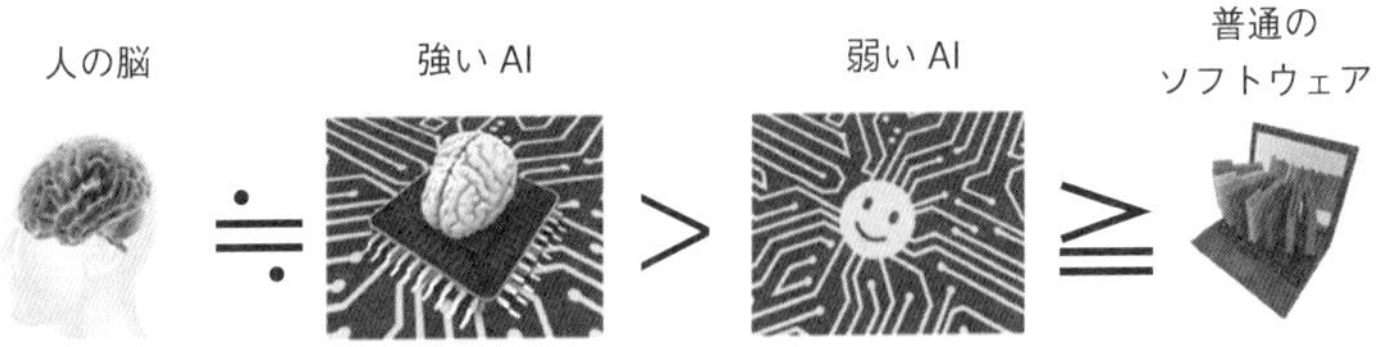

強いAI
・研究段階
・感情や自由意思などの意識を含む脳全体のコンピュータ上での再現
・人間に匹敵する知識

弱いAI
・研究から実用化段階
・学習や推論、認識など知的作業の実現
・特定の課題に対して人間に匹敵する知能

（出典）KDDI総研[2014]より引用

ド・テクノロジーズを買収した。また、米フェイスブックも、二〇一三年一二月、米ニューヨーク大学の著名ＡＩ研究者であるヤン・ルカン教授をトップに据えたＡＩ研究所を設置、翌年二〇一七年の五月には、中国のネット検索大手の百度《バイドゥ》もシリコンバレーにスタンフォード大学のＡＩ研究チームのリーダー、アンドリュー・ング氏をトップに迎え、ＡＩ研究所を開設している。(注2)

さらに、これらを加速する事態が生じている。二〇一六年三月、前述の英グーグル・ディープマインドの開発した囲碁ＡＩ「アルファ碁」が韓国のイ・セトル棋士と対局し、勝利を収めた。二〇一七年五月には、中国最強のカ・ケツ棋士との対局でも三連勝した。これ自体、「弱いＡＩ」の一種であるが、囲碁については少なくともまだ数年間は人間の優位は揺るがないと言われていたこともあり、社会に大きなショックを与えることとなった。これに呼応して、企業はさらにＡＩ熱を高めている。

日本も例外ではない。例えば、二〇一五年五月、産業技術総合研究所は、日本の公的機関で初めて人工知能研究センターを設立した。また、トヨタは二〇一六年一月、米国防高等研究計画局（ＤＡＲＰＡ）でロボットコンテストの運営に携わったギル・プラット氏をトップに据えた研究拠点をシリコンバレーに設立し、五年間で十億ドル（約一一三〇億円）を投じると発表している。理化学研究所は、二〇一六年四月、文部科学省が推進する「人工知能／ビッグデータ／ＩｏＴ／サイバーセキュリティ総合プロジェクト」の研究開発拠点として革新知能総合センターを設立した。

このように最近のＡＩの動きを見ていると、「寄らば大樹の陰」ではないが、ＡＩ技術さえあれば、この世の中のすべての問題が解決できるとでもいうような勢いを感じさせる。本当にそうなのだろうか。

ＡＩの定義と歴史

ＡＩとは、言語を理解したり、論理的に推論したり、経験から学習したりするなど、人間のような知的能力を備えたコンピュータのことである。言い換えれば、大量のデータを分析して規則性を見つけ、答えを確率的に推測する手法で、人間の行動などを高い精度で予測することができるコンピュータである。

ＡＩという言葉は、一九五六年、米ダートマス大学で開かれた研究会（ダートマス会議と言われている）において、コンピュータ学者のジョン・マッカーシー氏が初めて提唱したと言われる。ＡＩブームは今まで三回あったが、このダートマス会議前後が第一次のＡＩブームである。

その後、一九八〇年代に、特定の専門分野の知識を取り込んだエキスパートシステムの開発が盛んに行われ、第二次ＡＩブームが訪れた。ただ、その時代のＡＩは人間がコンピュータに知識を与えるというもので、コンピュータが学習し判断するというものではなかった。時に、通商産業省（当時）主導の「第五世代コンピュータ・プロジェクト」が実

図2　人工知能の歴史

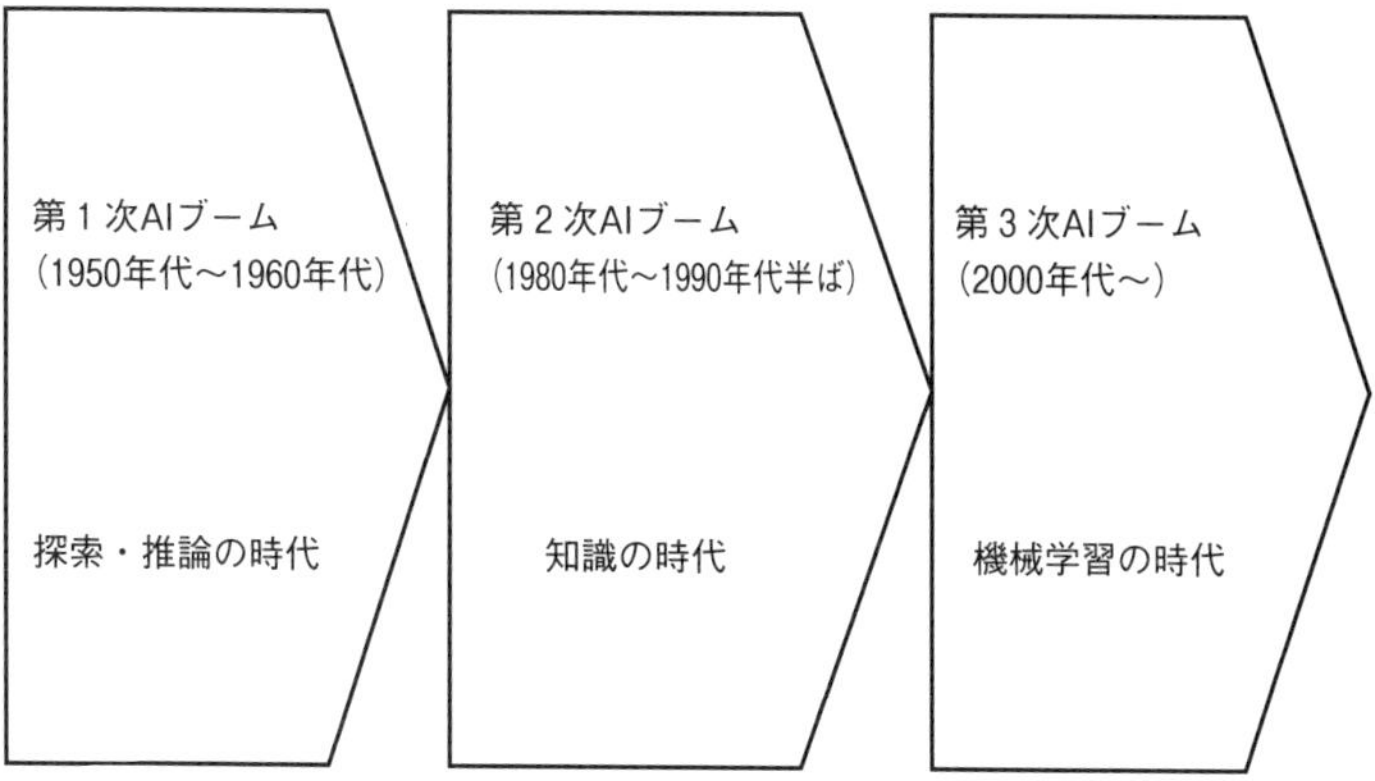

施されており、人の会話を理解する機械の実現を目指していた。(注3)

そして今まさに第三次ＡＩブームである。ＡＩの進化もニュービジネス創出の機会と捉え、情報サービス産業を含む国内外の企業が、ＡＩ関連事業に注力し始めている。現在も進行中である。

3つのキーワード

現代のＡＩを解く三つのキーワードとして、「ＩｏＴとビッグデータ」「機械学習」「ディープラーニング」が挙げられる。ここでは、この三つのキーワードを説明することを通じて、「人間に迫るＡＩ」「人間を超えるＡＩ」につい

ても考えてみたい。(注4)

(1) IoTとビッグデータ

IoTは、Internet of Thingsの略語である。直訳すると「モノのインターネット」となる。家電製品、産業機器、公共インフラなどに設置したセンサーのデータをネットワーク経由で収集・解析し、運用、保守・管理に加えて、新たなサービス業の創出に活かす仕組みのことだ。言い換えれば、モノの持つ情報がインターネットの先にあるクラウド上の高性能なコンピュータに接続されて別のモノと連携し、システムが自律的に動くことで新しい価値を生むというものである。

一九八〇年代には、コンピュータが何かを解析するためにはデータを人間が準備しなければならなかった。しかし今では、インターネット上に大量の写真や動画、テキスト情報が存在する。そこからデータを取り入れられるようになったし、センサーも廉価になったので、大量のデータが取得可能になった。

IoTがビッグデータを生み出すのに大きな貢献をしたのは事実だが、しかしビッグデータだけでは新たなイノベーションは起きない。これをどのように解析するかが重要なのだが、近年のコンピュータ処理速度の急速な向上は、今までできなかった種類の処理も可能にした。「機械学習」と「ディープラーニング」により、ＡＩの活用の道筋がリアルに示せるようになってきたのだ。

（２）機械学習

「機械学習」とは、蓄積された大量のデータを統計的に分析し、特定のパターンや隠れた規則性を導き出し、答えを確率的に推測する手法である。つまり、答えを出すのに、人間がプログラムを提供するのではなく、機械自身が学び、規則性を見つけ出すのだ。それが「機械学習」と言われる所以であり、現在のＡＩブームの基礎となっている。

コンピュータ能力の向上により、ビッグデータの処理能力が向上し、人間を「超える」分析が可能となってきた。このようななか、「機械学習」が「人間を超えるＡＩ」を達成するための重要なツールとして改めて注目を浴びるようになったわけだが、人間を「超える」ＡＩと言っても、単純な処理能力の向上に依存するものなので、人間に「迫る」ＡＩよりも技術的な難易度ははるかに低い分野である。例えば、ＡＩの分野ではないが、計算能力（演算速度）と記憶力〈メモリー容量〉だけを考えれば、コンピュータは数十年前から人間をはるかに凌いでいるのではないだろうか。

(3) ディープラーニング(深層学習)

「ディープラーニング」とは、人の脳の構造をソフトウェア的に模倣しパターン認識するニューラルネットワークのことであり、「機械学習」の一種である。従来の「機械学習」では入力と出力を一段階で行わねばならず、それが処理の限界になっていた。「ディープラーニング」では、複数の段階で処理が可能になり、回答を得ることができる。複数の段階で処理を行うことから、ディープラーニング(深層学習)と呼ばれている。

例えば、「猫」を判断するためにディープラーニングを用いると、大量の画像データを読み込むことにより「四本足」「ヒゲがある」などの「猫」の条件を複数見つけ(結果的には、犬等の類似動物から峻別する条件を機械自身が見つけ)、機械自身が「猫」と判断できるようになる。「ディープラーニング」は「人間に迫るAI」を達成するための重要なツールである。

この「ディープラーニング」が注目されたのは、二〇一二年に開催されたコンピュータの画像認識などの精度を競う大会であった。そこでカナダ・トロント大学のジェフリー・

ヒントン教授のチームが、この手法を用いて圧勝したのが契機になっている。また、グーグルとスタンフォード大学が、動画投稿サイトから無作為に選んだ大量の静止画像をＡＩに読み込ませて学習させたところ、事前に何も教えていないのに、「これが猫」、「これは人の顔」と認識した事例も脚光を浴びた。

前述のように、「ディープラーニング」は「人間に迫るＡＩ」の重要なツールと言えるが、今後の発展には二つの関門がある。

一つは、膨大なデータの収集方法である。というのは、現在、「ディープラーニング」は画像検索や音声認識をもとに行われているが、これは膨大なデータがあって初めて成り立つものである。とはいえ、膨大なデータをただ単に集めるだけではうまくいかない。例えば「人間に迫るＡＩ」の一つとして、人間と自然な会話のできるＡＩを考えてみると、相手の職歴・学歴といったバックグラウンド情報から歴史などの一般教養に至るまで、人間と同程度の知識が求められることになる。自然な会話のためにどの程度の知識を得る必要があるのか、あるいは、特徴量を自動的に抽出し、少ないデータでどのように対応したらいいのか（スパースコーディング）が、今後、解決しなければならない問題である。これは同時に、個人情報をどのように扱うかという問題と表裏の関係にある。

もう一つの関門は、その複雑性である。「ディープラーニング」は、途中の計算過程が複雑でブラックボックスとならざるをえない。したがって、今後「ディープラーニング」をいっそう発展させるには、このブラックボックスから得られた結果が、信用に足りうる結果であるという説得力を持たせる必要がある。

「ディープラーニング」は、近年のAIの進化の立役者であり、「アルファ碁」の勝利でも不可欠な要素であった。「アルファ碁」は、「ディープラーニング」の後に「強化学習」を使い、自分自身と繰り返し対戦することによって、さらに強くなっていったのである。

第4次産業革命とSociety 5.0

近年AI、IoT、ビッグデータ、ロボット等のイノベーションによって経済社会システム全般を変革することを「第四次産業革命」と呼ぶ人が増えている。蒸気機関による自動化の第一次産業革命、電気エネルギーによる大量生産の第二次産業革命、コンピュータによる自動化の第三次産業革命を経た次なる革命であり、サイバー・フィジカル・システム（CPS：Cyber Physical System）による革命ともいわれている。このCPS、換言すれば、

図3　第4次産業革命

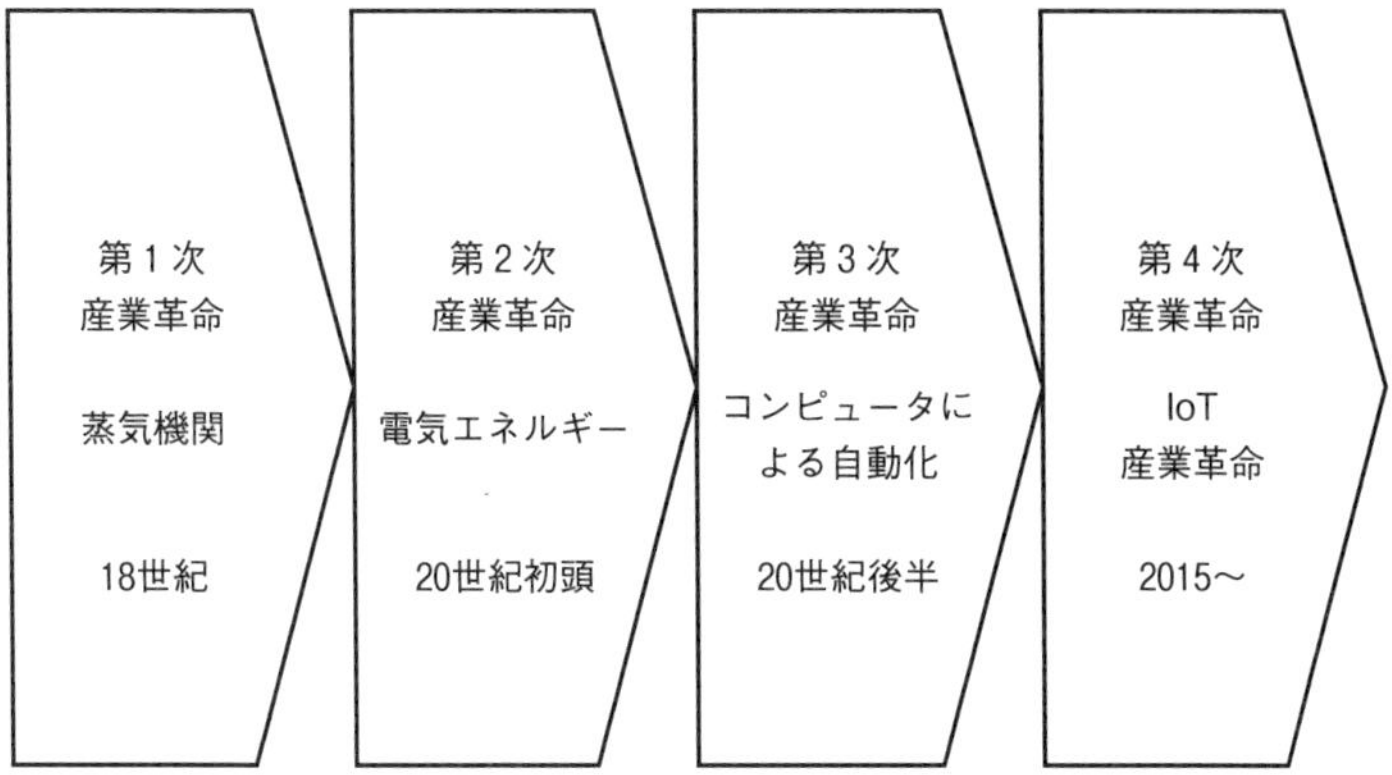

実社会とサイバー空間の相互連携を通じて社会問題を解決するシステムのことである。[注5]

他方、「Society 5.0」は、第四次産業革命のイノベーションを、あらゆる産業や社会生活に取り入れることにより、様々な課題を解決する社会のことをいう。この「Society 5.0」の概念は、二〇一五年一二月、総合科学技術・イノベーション会議が取りまとめた第五期科学技術基本計画で使われた言葉で、サイバー空間とフィジカル空間（現実社会）が高度に融合した「超スマート社会」を未来の姿として共有し、その実現に向けた取り組みのことを指す。「狩猟社会」「農耕社会」「工業社会」「情報社会」に続く「五番目」の新たな社会という意味である。

AIは仕事を奪うのか

ここに一つ興味深い分析結果がある。第四次産業革命と呼ばれる一連の技術革新により、どのような産業活動部門及び職業が拡大・縮小する可能性があるか、経済モデルを構築して試算を行った産業構造審議会の「新産業構造ビジョン」である(注6)(**表4**)。なお、この試算では、第四次産業革命に対応した変革が実行されず低成長で推移する「現状放置シナリオ」と、生産性の飛躍的な向上、成長産業への経済資源の円滑な移動、ビジネスプロセスの変化に対応した職業への移動などが実現した「変革シナリオ」の二つのケースについて、二〇一五年度に比べて二〇三〇年度はどのような状況になるかを試算している。もちろん、この試算は前提によって大きく変わるので絶対的数値ではないが、プラス、マイナスのインパクトを見るのに有用である。

一般論からいえば、AIやロボットの出現は、定型労働に加えて非定型労働においても省人化を進展させ、人手不足解消につながると期待される。人口減少が著しく、少子高齢化により、生産年齢人口がピークの一九九五年の八七一六万人から二〇六〇年には四四一八万人に半減する日本にとっては、人手不足の救世主となると思われる。

また、ビジネスプロセスそのものの大きな変革により、AIやロボットなどを手段として使いこなす仕事や、これまで以上に人が直に接することの価値を活かした仕事に新たな雇用ニーズが生まれる可能性もある。他方、雇用のボリュームゾーンである中間層においては、求められるスキルの内容が変化する可能性があり、バックオフィス業務などは大きく減少する蓋然性が高いのも事実である。

まず、就業構造の試算結果を見ると、「現状放置シナリオ」では七三五万人減であり、「変革シナリオ」であっても一六一万人減であった。特記されるのは、どちらのシナリオであっても、就業者数が減少するという点である。特に「製造・調達」と「バックオフィス」の従業者数の減少は避けられない。来るべき第四次産業革命の時代では、仮に規制・教育改革や業界の枠を超えた企業連携などの変革を進めたとしても、従業員数の減少が不可避ということを客観的な予測結果として頭に留めておく必要がある。ただし、「変革シナリオ」では、経営・商品企画、マーケティングなどの「上流工程」、高度なコンサルティングを伴う「営業販売」、人が直接対応することが質・価値の向上につながる「サービス」などについては、従業員増加が顕著であることにも注目しておきたい。

※2015年度と2030年度の比較

変革シナリオにおける姿	職業別従業者数 現状放置	職業別従業者数 変革
経営・商品企画、マーケティング、R&D等、新たなビジネスを担う中核人材が増加。	−136万人	+96万人
AIやロボットによる代替が進み、変革の成否を問わず減少。	−262万人	−297万人
高度なコンサルティング機能が競争力の源泉となる商品・サービス等の営業販売に係る仕事が増加。	−62万人	+114万人
AI、ビッグデータによる効率化・自動化が進み、変革の成否を問わず減少。	−62万人	−68万人
人が直接対応することが質・価値の向上につながる高付加価値なサービスに係る仕事が増加。	−6万人	+179万人
AI・ロボットによる効率化・自動化が進み、減少。※現状放置シナリオでは雇用の受け皿になり、微増。	+23万人	−51万人
製造業のIoT化やセキュリティ強化など、産業全般でIT業務への需要が高まり、従事者が増加。	−3万人	+45万人
AIやグローバルアウトソースによる代替が進み、変革の成否を問わず減少。	−145万人	−143万人
AI・ロボットによる効率化・自動化が進み、減少。	−82万人	−37万人
	−735万人	−161万人

（出典）経済産業省[2017]を基に筆者が修正

表4　職業別の従業者数の変化

職業	
① 上流工程	[経営戦略策定担当、研究開発者　等]
② 製造・調達	[製造ラインの工員、企業の調達管理部門　等]
③ 営業販売（低代替確率）	[カスタマイズされた高額な保険商品の営業担当　等]
④ 営業販売（高代替確率）	[低額・定型の保険商品の販売員、スーパーのレジ係　等]
⑤ サービス（低代替確率）	[高級レストランの接客係、きめ細かな介護　等]
⑥ サービス（高代替確率）	[大衆飲食店の店員、コールセンター　等]
⑦ IT業務	[製造業におけるIoTビジネスの開発者、ITセキュリティ担当者　等]
⑧ バックオフィス	[経理、給与管理等の人事部門、データ入力係　等]
⑨ その他	[建設作業員　等]
合計	

この試算を見ると、『機械との競争』（エリック・ブリニョルフソン／アンドリュー・マカフィー）という本を思い出す。

イギリスでは、かつて産業革命の時代に、「ラッダイト運動」という機械を破壊する運動が発生した。これは、当時、新しく登場した機械が人間の仕事を奪うという恐怖を背景に生じたといわれている。『機械との競争』は、現在の先進国でも、それと同じ状況が起こりつつあると指摘する。

同書は、コンピュータ技術の加速度的な向上が、人間にしかできない仕事を大きく侵食しつつあることを警告し、その結果、人間に残される仕事は、高所得を得られる創造的な仕事か、低賃金の肉体労働かに二極化されるという。そして、その中間にある仕事は急速にコンピュータに取って代わられるというのである。

先進国では若者に仕事がないことが大きな問題となっていて、そのため社会が不安定になっている国もあるが、「機械との競争」はその一因かもしれない。

どの国のどの企業も、市場争奪戦に打ち勝つために、生産性を高める努力を進めているが、その生産性は「資本」「労働」「技術」で決まるとされている。

「資本」がいまや国境を超えて自由に移動していることは、言うまでもない。「労働」のグローバル化も進んでいる。人はより活躍できる場を求めて移動するし、企業もより安い人件費を求めて製造現場をアジアの国などに移している。「技術」については、かつては先進国が優位とされていたが、コンピュータ技術を活用した最新の製造機械を導入することで、新興国がキャッチアップしている。トマス・フリードマンが指摘したとおり、世界のフラット化がますます進んでいるのだ。

それに加えて、技術が人間の仕事を破壊するスピードが速くなると、どうなるだろうか。一九九〇年代後半からは、生産性が伸びても雇用が伸びない「グレートデカップリング」が生じていると、この『機械との競争』は指摘している。かつては、技術進歩による生産性の上昇は人間にとってメリットがあるとされてきたが、実はそうではない、という同書の指摘は、大きな注目を集めた。

著者の一人のブリニョルフソン教授は、インタビューで、中国では製造業で働く人が一九九七年から二〇〇〇万人減ったという調査結果を示して、雇用はアメリカから中国へ移ったのではなく、アメリカと中国からロボットに移ったというのが正しい、と述べている。(注7) よって、「デジタル革命」や「機械との競争」は、生産の海外移転よりももっと重要な論点であり、さらに二〇世紀型の企業組織のあり方も見直す必要があると述べている。

AIは経済成長を高めるのか

続いて「新産業構造ビジョン」の産業構造の試算結果を見てみよう（表5）。名目GDP成長率（年率）は、「現状放置シナリオ」で一・四％、「変革シナリオ」になると三・五％に上がる。特に「顧客対応型製造部門」や「情報サービス部門」の伸びが大きい。

これらの部門では、顧客データを活かした個々のニーズに対応したマスカスタマイズやサービス化により価格の向上が期待される。最終財を製造する「顧客対応型製造部門」、第四次産業革命の中核を担い、産業活動全体で需要が拡大する「情報サービス部門」の付加価値が大きく拡大するとの試算結果である。

また、顧客データを活かした潜在需要の顕在化により市場拡大が見込まれる観光業などの「おもてなし型サービス部門」、異分野進出により新たな価値を取り込む運輸や通信などの「インフラネットワーク部門」でも、平均成長率よりも高い成長率が見込まれる。

政府は経済成長が豊かさにつながると信じて、イノベーションを推進してきた。しかし、今世紀に入って主要国の中産階級が力を失い、さらに貧富の差が大きくなり、世の中の人の大半が豊かになったとは言い難いというのが現状である。

翻ってみると、経済成長の指標として一般的にGDPが用いられているが、そもそもGDPが指標として適切かという議論もある。現在、GDPの基礎データとなる統計改革が行われているが、消費などの需要統計の補足も十分ではないとの指摘がある。さらに、シェアリングビジネスなどの新産業を十分補足していないなど実体経済とのかい離が大きいとも言われている。

個人は、その国の経済成長を高めようとして行動するわけではなく、個人の生活の満足度を高めようと行動しているのである。確かに、公害や温暖化問題など環境面における市場の失敗に対しても十分配慮して行動するケースが多いのも事実であるが、そうであったとしても、個人は、GDPが伸びるかどうかを考えたり、経済成長を高めるために行動するとは考えられない。

そういう意味では、「AIは経済成長を高められるのか」という問い自体が愚問なのかもしれない。今の状況から考えると、時期の早い遅いはあるとしても、AIが社会に装填されるのは必然である。AIの導入は加速こそすれ、不可逆的なのだ。それを前提に個々人の生活水準を高め、結果として経済成長という指標が大きくプラスになる方策をわれわ

※2015年度と2030年度の比較

変革シナリオにおける姿	名目GDP成長率（年率）	
	現状放置	変革
経済成長に伴い成長。	+0.0%	+2.7%
規格品生産の効率化と、広く活用される新素材の開発のプロダクトサイクルを回すことで成長。	−0.3%	+1.9%
マスカスタマイズやサービス化等により新たな価値を創造し、付加価値が大きく拡大、従業者数の減少幅が縮小。	+1.9%	+4.1%
顧客情報を活かしたサービスのシステム化、プラットフォーム化の主導的地位を確保し、付加価値が拡大。	+1.0%	+3.4%
第4次産業革命の中核を担い、成長を牽引する部門として、付加価値・従業者数が大きく拡大。	+2.3%	+4.5%
顧客情報を活かした潜在需要等の顕在化により、ローカルな市場が拡大し、付加価値・従業者数が拡大。	+1.2%	+3.7%
システム全体の質的な高度化や供給効率の向上、他サービスとの融合による異分野進出により、付加価値が拡大。	+1.6%	+3.8%
社会保障分野などで、AIやロボット等による効率化が進むことで、従業者数の伸びが抑制。	+1.7%	+3.0%
	+1.4%	+3.5%

（出典）経済産業省[2017]を基に筆者が修正

表5　産業構造の試算結果

部門	
① 粗原料部門	［農林水産、鉱業　等］
② プロセス型製造部門（中間財等）	［石油製品、銑鉄・粗鋼、化学繊維　等］
③ 顧客対応型製造部門	［自動車、通信機器、産業機械　等］
④ 役務・技術提供型サービス部門	［建築、卸売、小売、金融　等］
⑤ 情報サービス部門	［情報サービス、対事業所サービス］
⑥ おもてなし型サービス部門	［旅館、飲食、娯楽　等］
⑦ インフラネットワーク部門	［電気、道路運送、電信・電話　等］
⑧ その他	［医療・介護、政府、教育　等］
合計	

れ自身で考えることが求められている。

シンギュラリティとは

今後、コンピュータの性能が指数関数的に向上すると、その能力が人類を超え、人類には予測不能な段階に到達するという。二〇四五年が、その「シンギュラリティ(技術特異点)」になるといわれている。そもそも、この言葉は、アメリカのコンピュータ研究者レイ・カーツワイル氏が提唱したものである。(注8) この指摘を肯定的に捉えて、その実現のために積極的に対応する人がいる一方、理論物理学者のスティーヴン・ホーキング、マイクロソフトの元会長のビル・ゲイツ、テスラ会長のイーロン・マスクなどのように、「人類の終焉を意味するかもしれない」と警鐘を鳴らす人もいる。

この「シンギュラリティ」の議論、英オックスフォード大学が、AIなどの発展により、今後一〇年から二〇年でアメリカの総雇用の四七%が機械に取って代わるとの予測をまとめたことが、その危機意識をさらに高めた。(注9) 日本でも、二〇一五年一二月、野村総合研究所が、一〇年から二〇年後に日本で働いている人の四九%の仕事がAIやロボットで

代替可能になると発表している。（注10）

これらは「弱いＡＩ」による人間の仕事の代替と考えられる。

他方、スティーヴン・ホーキングが「人類の終焉を意味するかもしれない」と言及するのは、「強いＡＩ」を指しているものと思われる。例えば、二〇一四年に公開された映画『トランセンデンス』のように、科学者の頭脳がＡＩにインストールされて、それが瞬時に人間を変えるナノマシンを完成させ、ナノマシンを投与した人間を意のままに操ったり、人造人間を作り始めたりするような事案を想定してのことであろう。

このような「強いＡＩ」が暴走しないための効果的な処方箋はないかもしれない。ただ、過去においても、二〇世紀後半に体細胞クローン羊のドリーが生まれた時は、クローン人間が生まれるのではないかと恐れられたが、結果として、ヒトに関するクローン技術の規制に関する法律などの制定により、人類はその誕生を防ぐ方向に向かっている。

今後、「強いＡＩ」についても、同様な法規制を通じて、ガイドラインが示されることになるのではないだろうか。ただ、クローン人間と同様、その暴走を防ぐのは、最後、人の「良心」に委ねられることになるだろう。二〇一六年三月、インターネット上で人々と会話しながら成長する米マイクロソフトのＡＩ「Tay（テイ）」の実験が中止に追い込まれた。これは、悪意のある人に教え込まれ、ツイッターで差別的な言葉を発するようになったからである。これは、「弱いＡＩ」の例であるが、今後、子供に教育するように、ＡＩに道徳や社会の価値観を学習させる必要があるかもしれない。

他方、ＡＩの軍事利用についてはどうであろうか。自動操縦可能な兵器の導入など、急速な開発競争や軍拡が回避できず、世界の不安定化が加速する恐れがある。すなわち、自動操縦による無人爆撃機や銃火器を操る人型ロボットなどの出現だが、これは火薬、核兵器に続く第三の革命と捉えられるだろう。最近、アメリカ、イスラエル等で、ＡＩを用いた自動操縦可能な兵器の実用化の動きがあるようだが、これらの兵器は、クローン人間の技術にも増して、即座に社会に大きなインパクトを与えるものとなってしまうし、その軍のトップの姿勢次第で大きく変わってしまう。また、以前は先進国にしかなかった最先端の技術が、いまや個人レベルでも手に入れることが可能となり、その技術を活用して最先端の兵器を作ることができてしまうのである。その意味では、その兵器を手に入れた軍（国に限らない）のトップが捨て身の対応として、この兵器を使うと、法律やガイドラインなどというものはなんの役にも立たなくなってしまうかもしれない。

このようにＡＩは、人間の自由な活動を支援する頼もしい助っ人にもなりうるし、使い方によっては、息苦しい社会の看守役や人間に直接危害を加える存在にもなりえてしまう。

ＡＩは、マクロ経済学的に見れば、第一次産業からサービス業まで、あらゆる産業構造、就業構造を変える一方、サステナブルな経済成長を維持するとともに様々な社会課題を解決する重要なアクターとなりうる蓋然性を有している。また同時に、企業行動のゲームチェンジャーの起爆剤となる可能性も高い。そこに商機を見出そうと、大企業からベンチャー企業まで多種多様な企業が群がってきている。

第1章では、ＡＩ技術の発展に伴い、自動運転技術の進化、ライドシェアリングなど新たなビジネスモデルの発生によって、大きなゲームチェンジを迫られている自動車産業を見ていきたい。

第 1 章

激変する自動車産業

——AIとモジュール化

日本経済へのインパクト

言わずもがなであるが、自動車産業は日本経済全体に与えるインパクトが大きい。例えば、日本の主要製造品出荷額約二九〇兆円のうち、自動車の製造品出荷額は五二兆円(一八%)を占めている。また、就業人口六三一一万人のうち、五五〇万人(八・七%)が、自動車製造業の就業人口となっている。ガソリンエンジン車は二万から三万点の部品から作られているため、日本の自動車製造業は**図6**のような分業体制が確立しており、幅広い裾野産業を持っている。自動車組立メーカーは、主要部品をTier1(ティアワン)と言われる一次部品メーカーから部品を調達しており、Tier1はTier2と言われる二次部品メーカーから調達している。それがさらにTier3、Tier4につながっていくという階層構造になっているため、一台の自動車を作るのに、多くの企業が関与しているのである。

その証左として、生産一単位の増加が産業全体に与える影響を示す生産誘発係数を見ると、乗用車は三・二で、鉄鋼の二・七、電機の二・四、一般機械の二・二と比較して、はるかに高くなっている。さらに、今までの日本の自動車製造業は国内の需要を満たすだけでな

図6　日本の自動車製造業

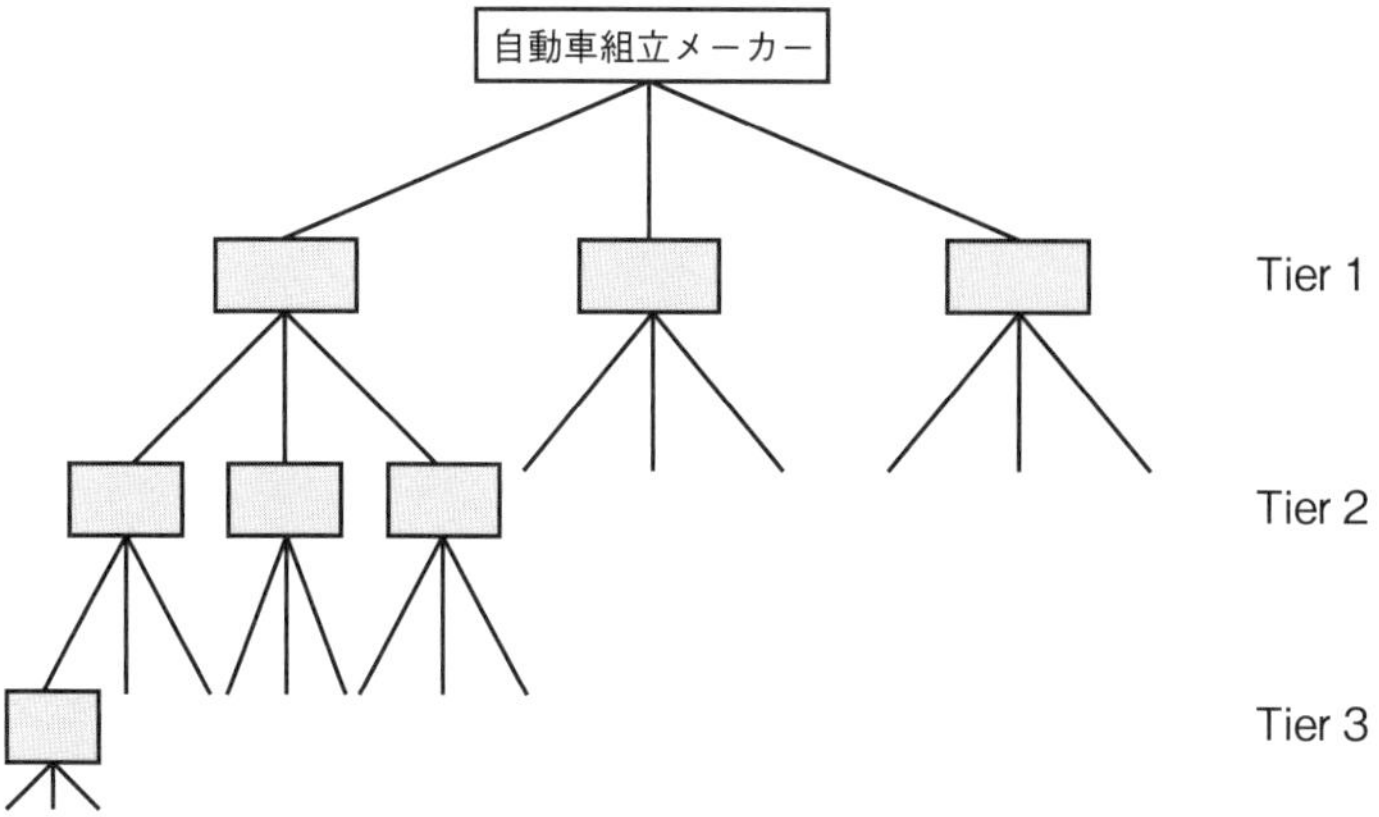

く、海外需要を開拓し、輸出の主要アクターであった。しかし、近年、ローカルコンテント[注1]や、その国や地域のニーズにあった自動車を製造する必要に応じて、自動車も「地産地消」の動きが顕著になり始めている。そのような現状においても、輸送用機械の輸出額は一六・九兆円で、一般機械の一四・二兆円や電気機器の一二・六兆円よりも大きく、輸入量も合わせて考えると、自動車は今なお貿易黒字の稼ぎ頭と言える。

　加えて、自動車産業は自動車製造業だけでなく、自動車関連サービス業への広がりもある。物流業、ガソリンスタンド、ディーラーのほか、タクシー、バスなどの人流関係の産業が、自動車関連サービス業である。

図7　AI、IoT等に影響を受ける自動車産業

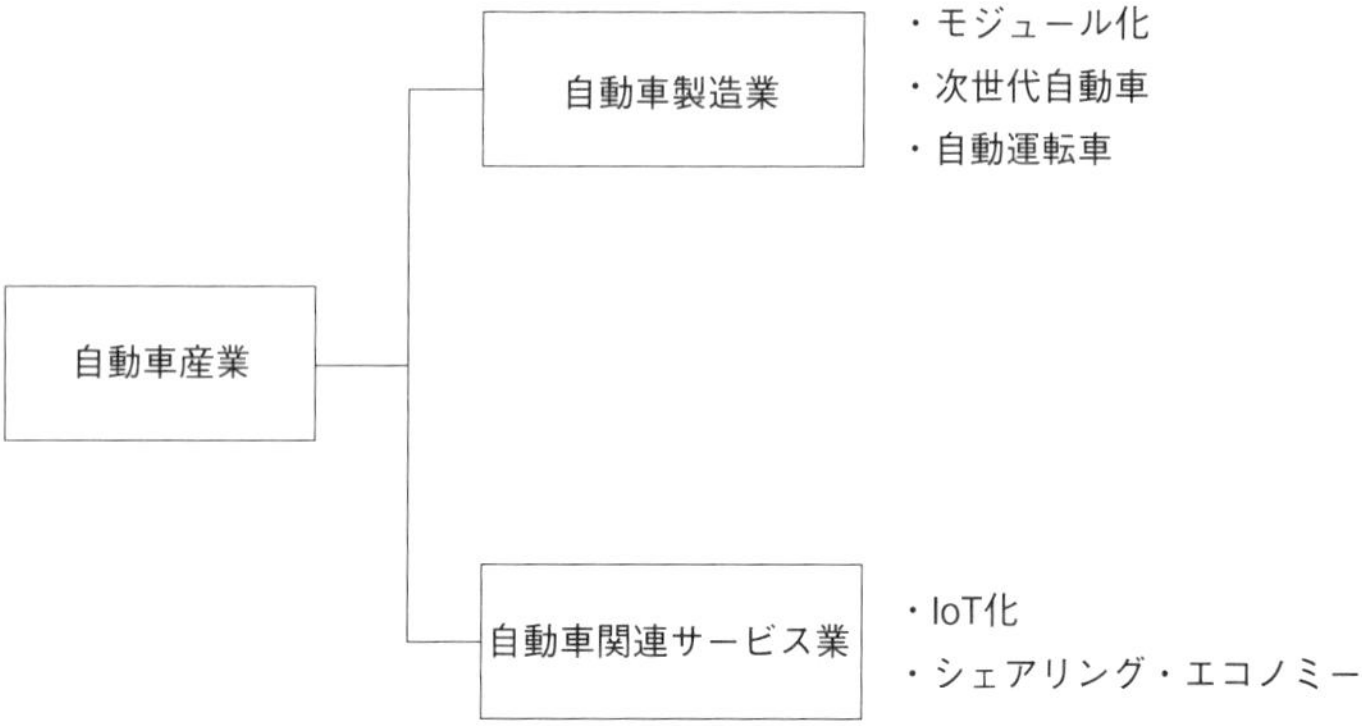

　このような日本経済の支柱となっている自動車産業が、ＡＩ等によってどのようなインパクトを受けるかは、今後の日本経済を考えるうえで重要な視座となるだろう。自動車製造業は、ＡＩ技術が注目される以前から製造部品の「モジュール化」の流れのなかにあったし、電気自動車や燃料電池車などの次世代自動車や自動運転への転換期も迎えている。自動車関連サービス業もまた、ＩｏＴを活用したウーバーテクノロジーズなどの新たなシェアリングエコノミー(注2)により、大きな変革期を迎えている。本章からは、このような日本経済に大きな影響力を持っている自動車産業が、ＡＩ、ＩｏＴによってどのように変革され、それが日本経済にどのようなインパクトを与えるかを考えていきたい。

AIが「モジュール化」を加速する

二〇〇〇年代に入った頃から、日本の製造業の強さを表す言葉として「すりあわせ型」という言葉が登場してきた。一方で、それと対峙する形で「モジュール化」という概念も注目された。多くの研究者が「モジュール化」の定義を提案しているが、ここでは田中辰雄氏の定義を用いることとする。(注3) それによると、「(「モジュール化」とは) ある目的で使う財・サービスをいくつかのユニットに分け、その組み合わせのインターフェースを固定して一般にも公開すること」というものである。

言い換えれば、「モジュール化」とは、相互依存性のない(取替え可能な)部品を組み合わせて一つの完成品を作ることで、「すりあわせ型」とは、相互依存性のある部品を組み合わせて一つの完成品を作ること、ということになろう。

これらの言葉を使って、日本では、一時期、次のような指摘が多くなされた。「日本は、部品同士が干渉しあう、難しい「すりあわせ型」のものづくりを得意技としていて、それが日本製品の完成度を高め、高い競争力につながってきた。他方、「モジュール化」が進むと、製造するのに熟練の技がいらなくなる（誰でも作れるようになる）が、日本の製品は、モジュール型で作った製品よりはるかに品質が高いので、日本製品の優位性が失われることはない」。

ここから、「すりあわせ型」の生産方式と「モジュール型」の生産方式のどちらが優れているのかという議論も生れた。

例えば、自動車は、数多くの部品からなる複雑な製品であり、「すりあわせ」の質の高さが微妙な操作性や乗り心地に影響するといわれる。日本の自動車メーカーはそれを信じて、特に乗用車において「すりあわせ型」の生産方式を取ってきたのだが、顧客はそこまでの性能を常に求めているわけではなかった。

端的に言えば、途上国では、多少乗り心地が悪くても故障なく走ってくれて安い乗用車の方が人気がある。そして、そういう乗用車でいいのであれば「モジュール型」の生産方式の方がふさわしい、ということになってしまう。現に、途上国で活躍している（乗用車ではないが）ピックアップトラックやクロスカントリー車などは、「モジュール型」の生産方式を採用している。したがって、「乗用車は『すりあわせ型』で作ったものの方が優れている」というような、単純な話ではなくなってきているのである。

図8　モジュール型とすりあわせ型

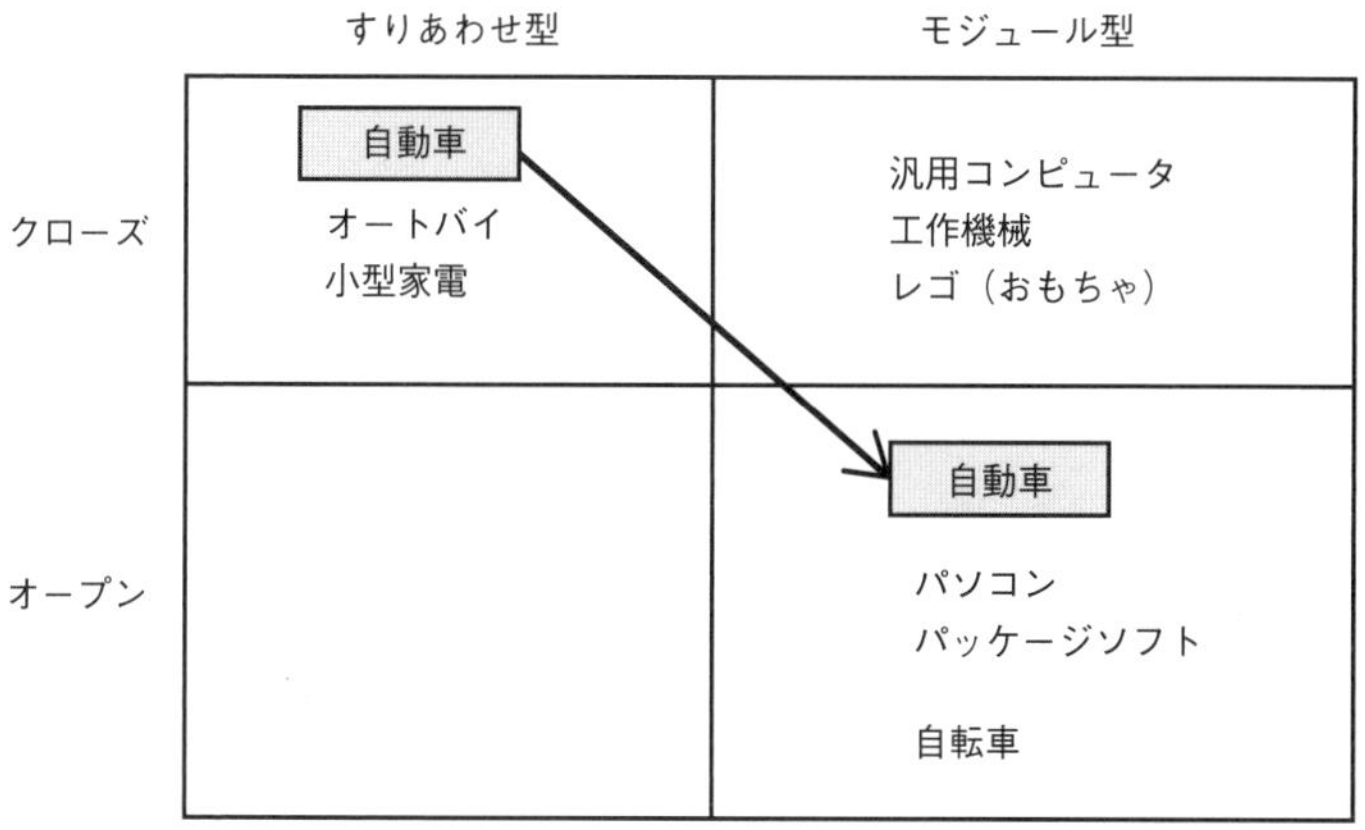

（出典）藤本・武石・青島[2001]を基に筆者が修正

加えて、「すりあわせ型」が優位でも、最近では技術の進歩とともにモジュール型でも「すりあわせ型」に負けない品質の製品が作れるようになってきた。

東京大学の藤本隆宏教授らは、製品・工程のアーキテクチャーを、「モジュール型」と「すりあわせ型」と、「オープン型」と「クローズ型」の軸の二軸に分けて分類している[注4]（**図8**）。ここで、「オープン型」とは、基本的にモジュール製品であり、なおかつインターフェースが企業を超えて業界レベルで標準化した製品のことをいう。「クローズ型」とは、モジュール間のインターフェース設計ルールが基本的に一社内で閉じているものをいう。二〇〇〇年代初頭には、自動車はまさに「すりあわせ型」「クローズ型」に分類されていたが、それから十数年経過した今、「モジュール型」「オープン型」という分類に位置づけられるようになってきた。

その証左として、自動車組立メーカーの近年の製品・工程アーキテクチャーの変更が挙げられる。例えば、フォルクスワーゲンは一九九〇年代にすでにプラットフォームを四車種に集約して部品を共通化し、複数の部品を「モジュール化」することによって、同一工場、同一ラインで複数の自動車を作ることを可能にした。日本でも、日産が二〇一二年二月に、新世代車両技術「日産コモン・モジュール・ファミリー（CMF）」を発表し、二〇一三年以降に発売する車種から随時導入している。CMFとは、車両を、エンジンや変速機などを収納する「エンジン部」、前輪周辺のサスペンションを収める「車台前部」、運転席周りの電子部品を内蔵する「運転席周り」、車両の重量を支える部品が多い車両後部の「車台後部」の四カ所と電子部品をまとめる電子アーキテクチャーに分け、この「4プラス1」をモジュールの対象とするものである。

トヨタは、二〇一五年一二月発売のプリウスから、順次、「トヨタ・ニュー・グローバル・アーキテクチャー（TNGA）」という新たな設計改革手法を取り入れている。この

ＴＮＧＡは、これまで車種ごとに開発していた部品を共通化・モジュール化し、クルマの基本性能や商品力を向上しながらコスト低減につなげることを目的とするものだ。

このような「モジュール型」の生産方式を採用する動きが、自動車のＡＩ化によって、近年さらに促進されている。

例えば、ＳＵＢＡＲＵのアイサイトで考えてみよう。アイサイトというのは、対象物を見つけて自動ブレーキをかけるシステムであり、現段階では厳密な意味でＡＩ技術は使われていない。しかしアイサイトも「モジュール化」の思想に基づき、ブレーキ制御部分のモジュールに自動ブレーキの機能を付加している。

このように、今後、徐々にＡＩ技術を用いたハードウェアやソフトウェアが導入されると、その関連モジュールが今までのモジュールと入れ替わるようになると思われる。さらに言えば、ＡＩの活用は徐々に進むため「すりあわせ型」よりも「モジュール型」の方が、より効率的にＡＩ技術を導入できるであろう。すなわち、ＡＩ技術の導入には、「すりあわせ型」よりも、「モジュール型」の方がフィットしているといえるのだ。

他方、従来の自動車は、メカニカルエンジニアリング中心であったが、最近では制御機器をはじめとした様々な機器に電子部品が使われるようになっている。急激に、自動車のエレクトロニクス化が進みつつある。そのようななかでのＡＩ技術の活用は全く非連続的で異分野の技術導入となるため、従来の内製での対処や、Tier1、Tier2などの関連会社では対処できない技術も出てくるだろう。したがって、その部分だけ、外部から持ち込まれたモジュールを活用することが多くなると思われる。

鉄道化する自動車

現在の自動車は、有効な移動手段という機能と、運転という一種の趣味を兼ねた機能の二つからなっている。将来、ＡＩが発達し自動運転が一般的になると、自動車は前者の移動手段としての役割だけの製品となり、後者の趣味としての運転の機能はなくなってしまうだろう。そうなれば、ますます自動車を所有する意味が薄れてきて、将来的には自動運転車を移動手段としてタクシーのように使い、現在の「鉄道」のような活用のされ方に近づくのではないだろうか。

一方、運転をすることが好きな人は、乗馬のようにサーキット場のような場所で自動車の運転を楽しむようになるのではないか。もちろん、公道での運転も可能であるが、現在、道路に馬が走っていないように、自動運転の時代にヒトが運転する自動車が公道を走るかどうかはわからない。事故を起こすリスクや渋滞を引き起こす可能性が高まるため、少なくとも導入の初期段階では一定区域を自動運転車限定とするような試みがなされるはずである。ただ、ＡＩ技術が進化すれば、そのような不慣れな人間の運転にも対処できる技術が確実に生まれ、自動運転車と人間の運転する自動車の混在も何ら問題にならなくなるはずだ。いずれにしても、普段使いの自動車（自動運転車）は輸送手段として幅広く活用されるようになり、自動車の「鉄道化」は確実に進むだろう。

新たなプレイヤーの参入

冒頭で述べたように今までの日本の自動車製造業は、自動車組立メーカーが企画、設計、部品調達、最終アセンブリを行っているため、組立メーカーを頂点としたヒエラルキー構造となっていた。それが、「モジュール化」の進展やガソリンエンジン車よりもはるかに部品点数が少ない単純な構造の電気自動車の出現により、新規企業の参入が増えてきた。イーロン・マスク氏が率いるテスラがその最たる例である。

図9　今後の自動車製造業

自動車組立メーカー	モジュールA	モジュールB	モジュールC

（ヒエラルキー型（垂直統合型）から水平分業型へ移行し、自動車組立メーカーのガバナンスが弱まる。）

これは、一社が統合して一つの自動車を作るという機能が必要なくなることで、旧来の自動車組立メーカーを頂点としたヒエラルキー構造が壊れ、徐々に「水平分業型」に移行し始めていることを意味する（**図9**）。さらに、ＡＩ技術という従来の自動車製造業にない新たな技術が導入されることにより、「モジュール化」に拍車がかかることになろう。クルマの部分的な開発を組立メーカーから受託するため、すでに日本企業だけでなく、ドイツのＩＡＶやオーストリアのＡＶＬのような企業が相次いで日本に拠点を新設している。(注5)

加えて、ライドシェアリング(注6)が徐々に注目を浴びており、それを生業の一つとするウーバーテクノロジーズやリフトなどの企業が登場した。自動車関連サービス業にまで異業種連携が進み、自動車産業の水平分業化が加速している（**図10**）。

図10　自動車の異業種連携

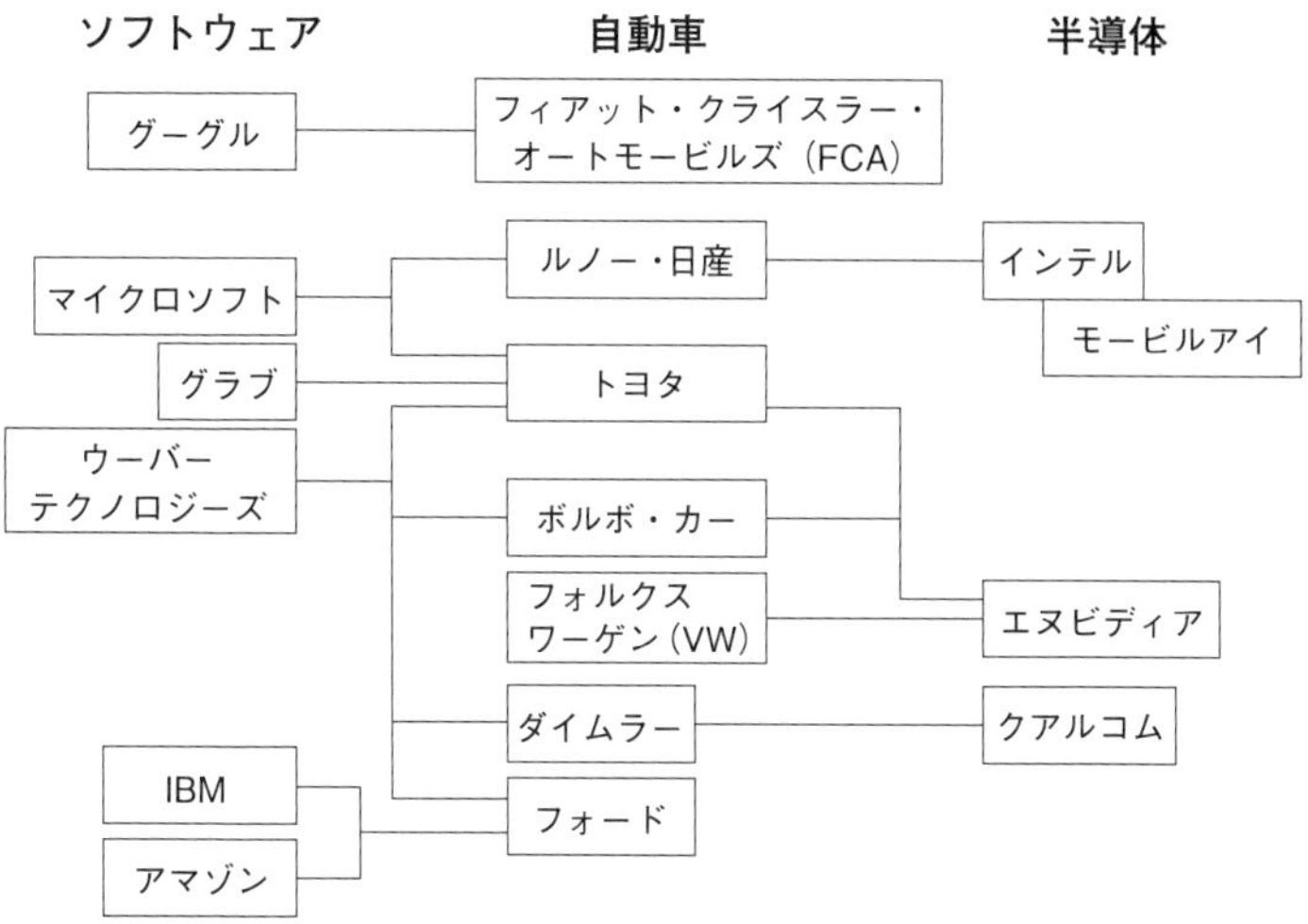

例えば、グーグルは検索エンジン、クラウドコンピューティング、オンライン広告といったインターネット関連のサービスと製品を提供している会社であるが、近年では自動運転車の開発に参入し、いわゆるグーグルカーの走行実験を行っている。（注７）その過程で、自動車製造の経験の浅さをカバーするため、フィアット・クライスラー・オートモービルズ（ＦＣＡ）と連携している。

また、マイクロソフトは、トヨタやルノー・日産と連携すると発表している。データ分析やディープラーニングに習熟しているマイクロソフトのクラウドサービスを活用し、急速に進む自動車の電子化に対応するものである。また、イスラエルのモービルアイは、ルノー・日産との連携を深めているが、このモービルアイをインテルが買収したため、インテルとも連携することとなった。

さらに、エヌビディアは、そもそもゲーム用の画像処理を主力としていたが、最近ではAIを使った画像認識で頭角を現している。特に、自動運転用の開発プラットフォーム「ドライブPX」が注目を浴びている。これはディープラーニングを駆使して、クルマの周りの状況を高精度で認識可能にするプロトタイプであり、今後の自動運転車の高性能化に必要不可欠なものとなる蓋然性が高い。この高い競争力を背景にして、エヌビディアは、多くの自動車組立メーカーから連携依頼が相次いでいる。例えば、フォルクスワーゲン（VW）傘下のアウディと連携を始めており、トヨタ、ボルボ・カーなども名乗りをあげている。（なお、AI関連の半導体は、今後の自動運転の雌雄を決する一つの要素となりうると思われるため、第5章の図33の「AI関連の半導体企業の動き」で詳述する。）

他方、日本の電機メーカーも自動車関連事業への参入が著しい。というのは、今までの電機メーカーの主流のビジネスモデルであるBtoCは、消費者のニーズの影響に受けやすく浮き沈みが大きい。そこで安定性を求め、自動車産業などのBtoBにその業態を変えつつある。

例えば、パナソニックは、三年間で自動車事業の売上高を五割増やす目標を設定している。特に、テスラと共同で、米ネバダ州で世界最大のリチウムイオン電池工場「ギガファクトリー」を二〇一七年一月に稼働するなど、電気自動車向けのリチウムイオン電池に注力するようになっている。

また、日立製作所の一〇〇％子会社の日立オートモティブシステムズは、ＳＵＢＡＲＵのアイサイトのステレオカメラを供給して名をはせた。さらに、車用制御システムの知見を活かし、二〇一七年内に、ドライバーの操作が不要な「レベル４」の自動運転車の走行実験を開始すると発表している。

さらに、電子部品のアルプス電気は、スマートフォン向けの部品事業の先細りを懸念して、カーナビゲーションシステムなどの車載機器を供給するアルパインと経営統合することを発表した。それぞれの持つ強みを組み合わせて、自動車関連事業の競争力を高めることが目的とのことである。

インターネットと常時つながるコネクテッドカーの普及とともに、自動車組立メーカーや部品メーカーは、これまでの「系列」の枠内の企業ではなく、新たな知見を必要としている。こうした分野を補うために、電機メーカーはもちろん、ベンチャー企業とも連携を深めている。

このように、自動車製造業は、その産業構造がヒエラルキー型（垂直統合型）から水平分業型に変わり、新規企業が参入する壁が低くなってきている。

部品メーカーの下剋上がはじまる

こうした「水平分業型」への移行は、特にTier1といわれる一次部品メーカーに大きな影響を与えている。徐々に「系列」が希薄になってきているのだ。具体的には、トヨタ系列であればトヨタにしか、ホンダ系列であればホンダにしか納入しない、親密な「系列」関係が崩れ始めている。特に、日産は、一九九九年頃から、カルロス・ゴーン氏が系列部品メーカーの株式の大半を売却し、「系列」の解体に傾注している。他方、ドイツにはこのような「系列」がないため、日本と違って図6のような自動車製造業のヒエラルキー構造がもともと希薄だったが、「モジュール化」の進展やＡＩ、ＩｏＴ技術の活用に伴い、主要部品メーカーが自動車組立メーカーを凌駕《りょうが》する動きが顕著になってきている。

例えば、ドイツにコンチネンタルという会社がある。もとはタイヤメーカーとして知られていたが、近年、車載センサーをはじめとした自動運転の必須技術を押さえたことで、組立メーカーに匹敵するような勢力を持ちつつある。その力の源泉は、M＆Aだ。

同社は、この一五年間で一〇〇社以上のM＆Aを行い、米ITTや独シーメンス、米モトローラから自動車関連部門を買い取り、自動運転にかかせない情報インフラを獲得している。最近では二〇一五年に、フィンランドのIT大手エレクトロビットから自動車関連部門を取得している（**表II**）。それらの集大成として、二〇一二年に部品メーカーとして初めて自動運転の公道実験を開始し、二〇一四年には北海道紋別市に市街地を想定した試験コースを作っている。自動運転車の覇権を握ろうとしているように見えるが、コンチネンタルは、組立メーカーに取って代わろうというのではなく、自動運転に不可欠な情報インフラ技術の主導権を握りたいだけとの控えめなコメントを残している。

ドイツの一次部品メーカーのZFは、危険検知センサーなどが強い米TRWオートモーティブを買収し、自動運転技術などの研究開発を拡充しようとしている。このようにドイツの一次部品メーカーは、自動車のAI化、IoT化、ひいては、自動運転化のなかで、組立メーカーに打ち勝つために虎視眈々と下剋上を狙っている。

表11　メガサプライヤーの企業連携状況

企業名	連携状況
デンソー	・NEC 子会社等と次世代の自動運転の基本ソフトを開発 ・富士通テンを連結子会社化 ・ソニーとセンサーを車載用に改良 ・英半導体開発会社イマジネーションテクノロジーズと共同研究
独コンチネンタル	・フィンランドIT 大手エレクトロビットから自動車関連部門を買収
独 ZF	・危険検知センサーなどに強い米 TRW オートモーティブを買収
独ボッシュ	・ソフト技術者 1 万 5,000 人を確保 ・自動駐車システムの開発にも着手

（出典）2016 年 12 月 24 日の日本経済新聞を基に筆者が加筆

このようなドイツ部品メーカーの躍進は、日本の企業にいかなる影響を及ぼしているのであろうか。現在のところ、日本の組立メーカーで、自動運転の情報システム全体をドイツの部品メーカーに頼る企業はないが、車載センサーについては、すでにいくつかの企業が採用している。例えば、トヨタのカローラ等に搭載している衝突回避システム「トヨタ・セーフティ・センスC」のレーザーカメラ一体型モジュールは、コンチネンタルから提供を受けている。

他方、日本の一次部品メーカーのデンソーも、コンチネンタル等の影響を受け、遅ればせながらM&A等を通じて自動運転の開発技術の取得に力を入れている。具体的には、車載用電子システムのソフトウェア開発を強化し、次世代の自動運転の基本ソフトを開発するため、二〇一六年四月にＮＥＣ通信システムとイーソルという組み込みソフトウェアメーカーと三社で、新会社のオーバスを設立している。さらに、富士通傘下でカーナビゲーションシステム大手の富士通テンを連結子会社化した。富士通テンは、カーナビやカーオーディオを主力とするほか、組立メーカー向けに車両の周囲を確認するシステムやエンジンなどの制御用コンピュータを手がける会社である。今後は、デンソーの傘下に入り、会社名もデンソーテンに変えて、カーナビやオーディオなどの成熟市場から自動運転の関連市場へ軸足を移し、当該分野に社内のＩＴ技術者を集中させて新たな展開を図ろうとしている。さらに二〇一七年九月に自動運転に使う半導体の開発・設計を行う「エヌエスアイテクス」を設立している。あえてデンソーの外に新会社を設立したのは、新会社の持つＩＰライセンスを半導体メーカーに提供し、その半導体を販売することによって、系列を超えた組立メーカーや部品メーカーへの提供を視野に入れているからだと思われる。

コラム

ハイウェイトレイン構想

二〇〇八年頃、「東海道物流新幹線構想」（ハイウェイトレイン構想）というアイディアがあった。新東名高速道路や新名神高速道路などの中央分離帯を活用して、物流の大動脈である東海道ルート（東京〜大阪間）に、物流専用の鉄軌道を敷設する構想である。これは二酸化炭素の排出量の削減とトラックドライバーの不足を補うモーダルシフトの促進のために考えられたものだ。結局、インフラコストなどで折り合わず、「構想」のまま頓挫してしまったが、自動運転車が現実味を帯びるなか、ハイウェイトレインとは違う形であるが同じ趣旨のものが実現できる可能性が高くなってきた。

その一つが、政府が二〇二〇年までに高速道路で実現を目指している後続無人隊列走行である。そのイメージは、先頭車両にドライバーが乗車してトラックを運転し、先頭車両と後続車両を電子的に連結することにより隊列を形成し、後続車両は自動走行システムを使って無人走行するというものである。後続車両を何台つなげるかは、今後の技術的な検証で確定することになるが、見方によっては、ハイウェイトレイン構想の実現に近づいたといえなくもない。

後続無人隊列走行は、将来、無人トラックの前哨戦になるし、技術的に困難な点は少なく、今でもほぼ実現が可能なので、あまり時間をかけずに実用化できるメリットがある。

さらに、近い将来、自動運転の技術の熟度が高まり、法制的にも問題ない環境になると、最初の自動運転車の導入は人間との接触が少ない高速道路から始められる蓋然性が高い。その際、もっとも社会的なニーズが高く、かつ混雑度が低い深夜でも走行可能な無人トラックによる荷物輸送に白羽の矢が立つ可能性が高い。基本的には、インターチェンジからインターチェンジまでのトラックによる荷物輸送を無人走行で行い、インターチェンジからラストワンマイルの物流（目的地までの輸送）を有人トラックが行うということになるであろう。

このような無人トラックの運行は、コスト削減の観点から物流に多大な恩恵をもたらす。加えて、ハイウェイトレインと比較してはるかに優位な点がある。まず、鉄軌道を作る必要がないので、インフラコストを大幅に削減できる。そして、輸送量に応じた隊列構成が可能なので、無駄なエネルギーを使わず、効率的な物流を実現できるのだ。

第2章

自動運転

——モノづくりからサービスへ

変わる次世代車選定基準

二〇一〇年前後から、次世代自動車に何が有望かという議論があったが、その当時の選定基準は「地球温暖化対応」と「資源効率化」の二つであった。「地球温暖化対応」については、ガソリンエンジン車より温室効果ガスの発生量の少ないクルマは何かというコンテクストで考えられていた。もう一つの「資源効率化」は、資源の使用量が少なく、費用対効果の高いクルマは何かという論点であった。そこで有望だったのが燃料電池車と電気自動車だったわけだが、その当時から時代が変わり、未来のクルマの選定基準は多様化してきている。理由は第3章で詳述するが、今のところ電気自動車が優勢だ。

さらに、将来のクルマは、交通事故を減らし、より安全に移動できる社会を実現するという社会ニーズも考えなければならない。現在、日本国内の交通事故の死亡者は年間およそ四〇〇〇人で、世界では年間一二五万人にのぼるそうである。二〇一一年の死亡事故につながった事例を調べると、多い順に、漫然運転（一七・八%）、わき見運転（一五・七%）、安全不確認（一〇・四%）とのことである。少なくともドライバーに起因する死者を限りなくゼロにしようとする自動運転の社会的な期待は高い。

また、「高齢者・過疎地域対策」の要請の高まりもある。すなわち、移動困難者の解消である。国内の運転免許の非保有者は四〇〇〇万人程度で、海外では約六〇億人といわれている。これらの人々のなかには、過疎地に住んでいたり、高齢者で移動が不自由な人もいる。結果的に、自分で十分な買い物ができない「買い物難民」となる可能性も高い。

さらに、交通渋滞緩和の社会的要請もある。交通渋滞は、道路の持つ時間当たりの通過可能台数を超過した時に発生し、いったん発生すると、通過台数の容量がさらに低下し、いっそう渋滞が拡大することになる。その結果、資源効率性が下がり、人流や物流の効率も悪化して、経済的な損失につながってしまう。

自動運転車は、これらの「交通事故減少」「高齢者・過疎地域対策」「渋滞緩和」「資源効率化」の処方箋として期待され、脚光を浴び始めている。

他方、今までも存在したビジネスモデルであったが、ＡＩやＩｏＴなどの技術の進歩によって改めて注目を集めるようになった例もある。「シェアリングエコノミー(注1)」である。一般のビジネスパーソンの家庭を考えると、クルマは、平日のほとんどが遊休資産であり、有効活用されるのは休日に限られている。しかし、今までは平日がいくら遊休資産と

図12　自動車をめぐる社会的要請

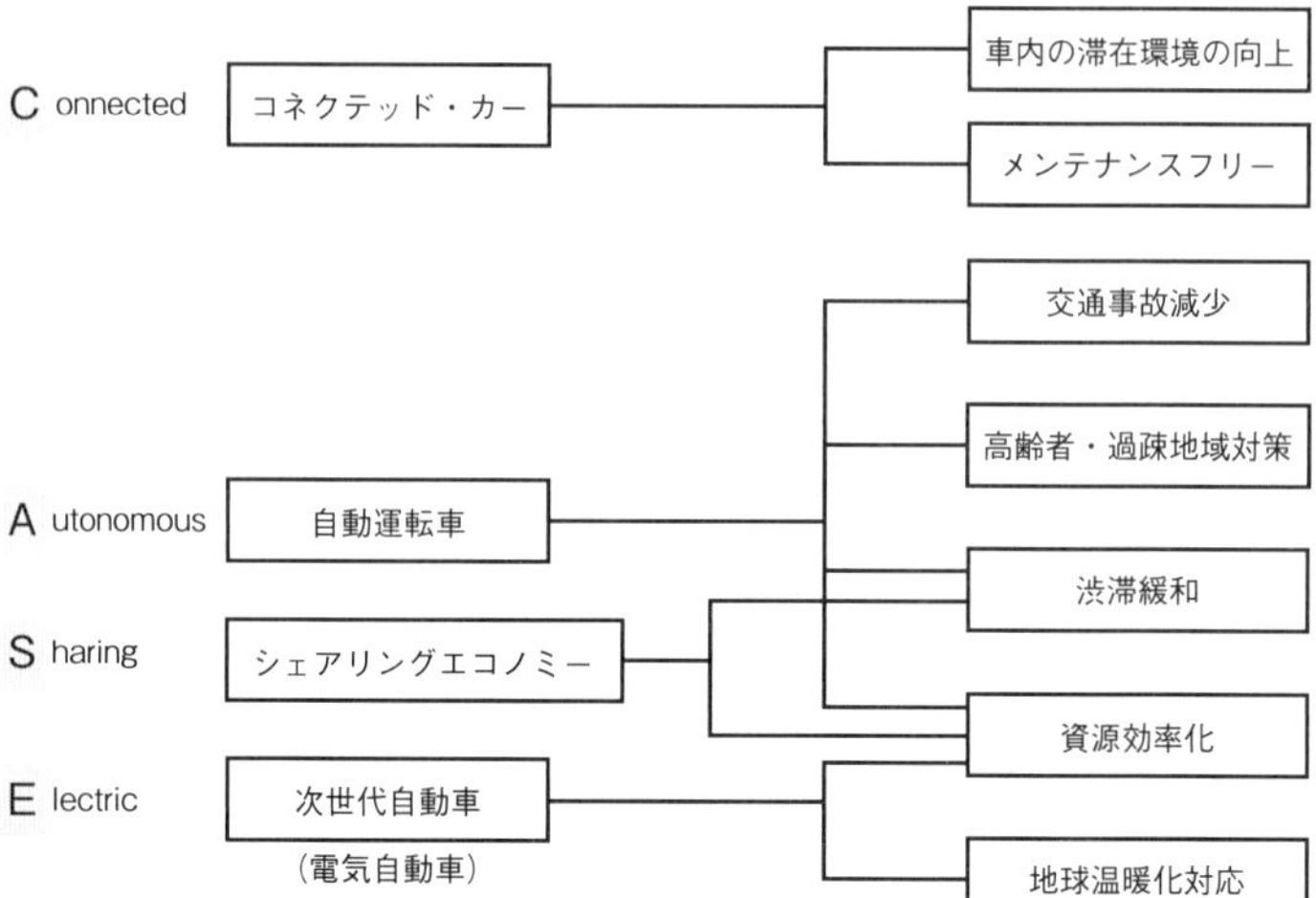

いっても、需要をマッチングさせるメカニズムは存在しなかった。AIやIoTの発展によって、そのマッチング・メカニズムが実現し、「資源効率化」につながっていったのである。この「資源効率化」の結果、必要とされるクルマの絶対量が減少するので、「渋滞緩和」につながるとも考えられる。

さらに、テスラでは一部採用されているが、将来のクルマにはインターネットを通じて様々なシステムをバージョンアップしたり、バグとりをしたりするような「メンテナンスフリー」の社会的ニーズがある。加えて、自動運転の時代になると、車内で自由な時間が増えるた

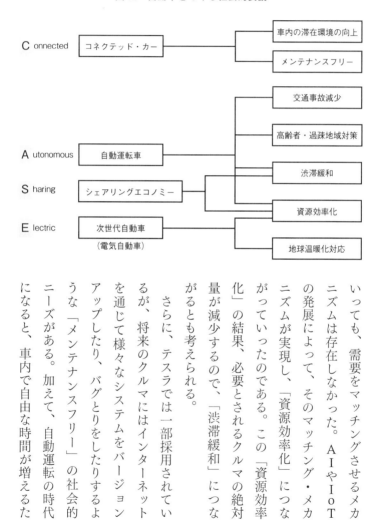

め、「車内の滞在環境の向上」も必要となる。これらに応えるものとしてコネクテッドカーがある。

このような様々な社会的要請を、自動運転車のみならず、コネクテッドカーやシェアリングエコノミーや次世代自動車などを活用して、あたかも多元方程式を解くように解決しなければならない。ダイムラーのCEOのディーター・ツェッチ氏は、このような動きを、頭文字を取って「CASE」と呼んだのだ。これらが最終的に、自動車産業を変革させる大きなインパクトとなるはずだ。

技術・安全・法律・倫理——現状の課題

自動運転を実現するためには、いくつかの解決すべき課題がある（表13）。

まずは、①技術的な課題である。自動運転車が走行するために必要な機能である「認知、判断、操作」が、円滑に動作するような技術を開発しなければならない。なお、自動運転のレベルには、レベル0の手動運転からレベル5の完全自動運転までの6段階あり、当然、技術的課題はレベルが上がるほどに増え、難しくなっていく。(注2)

表13　自動運転の実現に向けて解決すべき課題

技術面	認知・判断・操作に関する車の機能の開発
安全面	セキュリティ対策
制度面	交通事故の責任の明確化、交通条約・道路交通法などの関係法令の改正
倫理面	トロッコ問題の解決

次に②安全面での課題、特にセキュリティ問題である。クルマ自身の安全運行に関しては技術面での課題に入るため、ここでは自動運転車が外部より不正にハッキングされて制御不能となり、乗車している人や周囲に危害を加えるリスクのことをいっている。

さらに、③制度的な課題もある。第一に、事故に対する責任の所在である。従来の自動車事故は、ドライバーのミスや不注意による事故がほとんどであったため、責任の所在が明確であった。しかし、自動運転車は、それらの原因による事故がほとんどなくなることになる。そうなると、事故の原因のほとんどがシステムの誤作動となり、事故の責任が、自動車本体の製造業者になるのか、自動運転システムの開発者になるのか、条件入力者（基本的にはドライバー）になるのかが問題となる。しかも、その責任割合はアプリオリに特定できず、ケースバイケースとなるはずだ。また、現在の条約や法制度は、人間が運転することを前提としているため、自動運転の普及を契機に、これら法制度を自動運転に適合するように改正しなければならない。

加えて、④倫理面の課題もある。ある命を救うために、別の命を犠牲にしてもいいのかという、いわゆる「トロッコ問題」も考えなければならない。

このような課題は重要な問題であるとともに、解くのが困難な問題であるが、これらを解決しなければ自動運転の社会は実現しえない。（具体的な考察は、第5章の「だれが成長を妨げるのか」の「整備途上の法制度」や「GAFAへの対抗軸」に譲る。）

AI技術だけでは自動運転車はつくれない

最近、AIはすっかりバズワードになり、AI技術さえあれば、すべての課題が解決できるかのごとき風潮もある。しかし、実際は、自動運転車ひとつとってもAI技術さえあれば作れるというわけではない。AIはAIだけでは何もできないのだ。例えば、AI×IoT×金融技術×金融市場データなら「フィンテック」(注3)、AI×IoT×医薬品技術×健康医療データなら「個別化医療」というように、AIは複数の技術と組み合わせてはじめて、新たなビジネスを創成する威力を発揮する（図14）。

図14　AIとの融合によって生ずる新たなビジネス

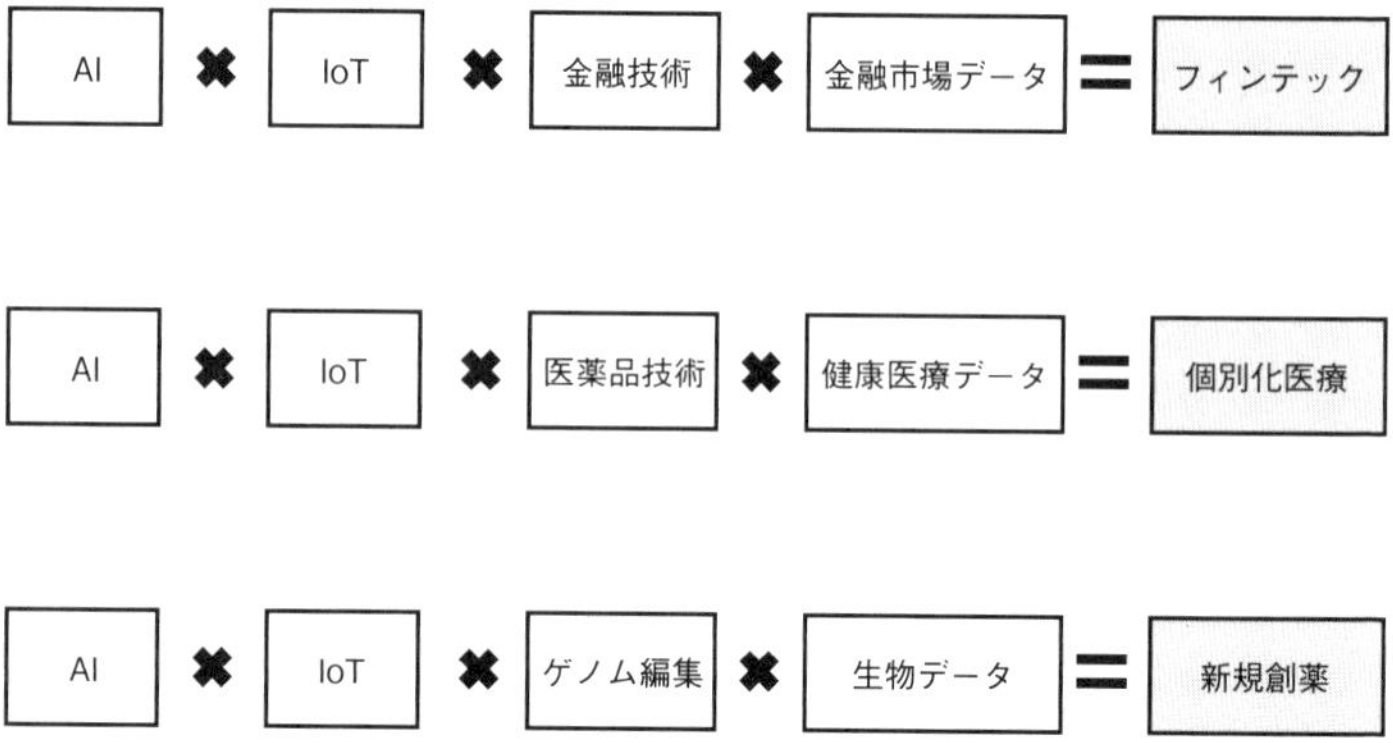

では、自動運転車はどのような技術の組み合わせといえるだろうか。さしずめ、ＡＩ×ＩｏＴ×センサー技術×半導体技術×電子的な地図情報×セキュリティ技術×電気自動車ということになろう（図15）。

まず、自動運転車にとってのＡＩの役割を考えよう。例えば、自動運転車の走行中に見通しが悪い十字路があったとする。その付近に小学校があれば、十字路から子供が出る可能性を予見して、速度を緩めるような役割を担うのがＡＩである。すなわち、普段、われわれが何の気なしに行っている情勢分析、判断を担うのがＡＩなのだ。

ＩｏＴはどうだろう。クルマのインターネット化ということは、つまりコネクテッドカーを目指すということだ。クルマの内部では、ＡＩの認

図15　自動運転車を構成する技術モジュール

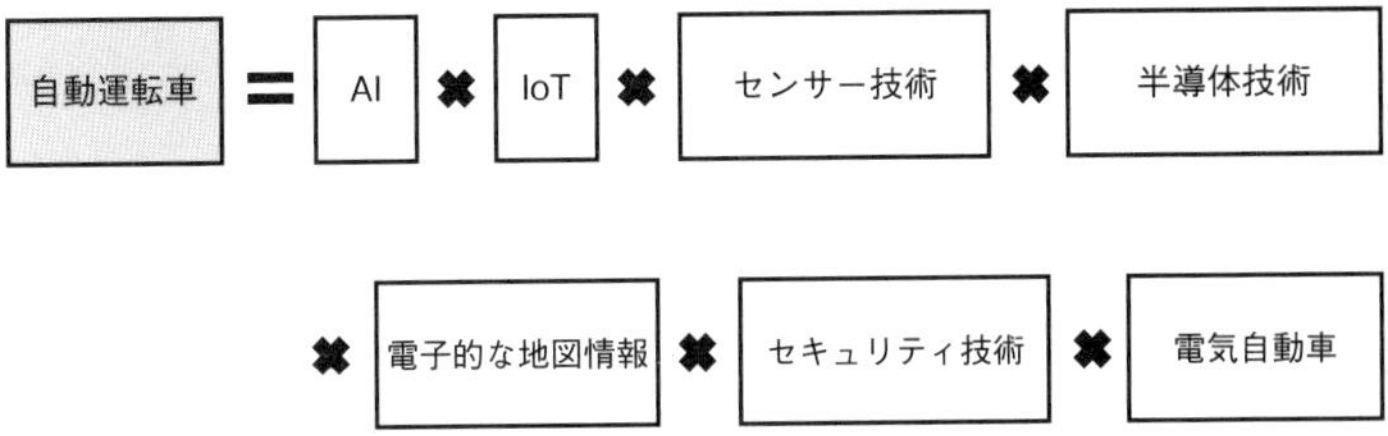

知、判断を、操舵やアクセル、ブレーキにつなげることなどが考えられる。自動運転車と外部とのつながりを考えると、ウーバーテクノロジーズ等のライドシェアリングのように、今、自分に一番近いクルマを見つけるようなシステムの構築もＩｏＴを活用して行うことになる。コンピュータのソフトウェアのバージョンアップよろしく、インターネットを活用してクルマのバージョンアップを行うこともＩｏＴの活用の一環にあたる。

クルマの周囲を認識するセンサーも多種多様だ。それぞれのセンサーは、**表16**のとおり、長所と短所があるとはいえ、すでに実用化段階にある。今後は、今以上に性能を上げ、コストを下げる研究開発を行う必要がある。他方、それぞれのセンサーは他にはない優位性があるため、一台のクルマが複数のセンサーを組み込み、お互いを補完するようなシステムの構築が必要となる。

表 16　運転支援技術用センサーデバイス

	特徴	長所	短所
単眼カメラ	物体の形状をパターン認識。基本は平面情報。	小型・低コスト。物体の識別。	距離の検知は苦手。夜間や悪天候で精度が落ちる。
ステレオカメラ	物体のパターンに加え、奥行きも認識可能。	対象物との距離を正確に推定。物体の識別。	正確な光軸調整が必要。夜間や悪天候で精度が落ちる。
ミリ波レーダー	反射波を測定して対象物との距離や速度を推定。	天候に左右されない。長距離でも対象物との距離を正確に測定。	歩行者や自転車など物体の識別が難しい。
レーザーセンサー	反射波を測定して対象物の位置を推定。	低コスト。	高速や長距離に対応不可。悪天候で精度が落ちる。
超音波センサー	反射波を受信して対象物の有無や距離を検出。	低コスト。駐車支援など近距離の検出に向く。	近距離のみ。

（出典）日刊工業新聞[2014]

他方、最近、多くの有識者が自動運転に新たな半導体技術の開発が不可欠だと指摘している。センサーで得られたビッグデータを解析して、瞬時に運転に活かす半導体が必要なのだ。パソコンに使用する半導体をインテルが、スマートフォンに使用する半導体をクアルコムが、その市場を席捲したように、自動運転に必要な瞬時に画像処理を行う機能を有した半導体の開発競争が始まっている。

まず、一つ頭を抜け出したのがエヌビディアである。すでにドライブPXという自動運転用の半導体を自動車メーカーに提供し始めている。もちろん、インテルも参入している。また、今まで自動車用の半導体をトヨタなどに供給していたルネサス・エレクトロニクスも、控えめではあるが自動運転用の半導体開発に名乗りを上げている。さらに、最近では、クアルコムが、世界有数の車載半導体企業のオランダのNXPセミコンダクターズを買収するとの発表を行っている。（このように自動運転の性能を左右する車載型半導体の各社の動向については、「第5章　だれが成長を妨げるのか」の「GAFAへの対抗軸」に詳述する。）

電子的な地図情報もまた、自動運転に不可欠なツールである。車載センサー等で現在の運転状況を常に把握することは重要であるが、道や建物がどのように配置されているかという基礎情報を正確に事前に把握する必要もある。もちろん、それら情報を概括的に把握するだけでよければ、従来のカーナビゲーションシステムで十分なのだが、自動運転車は、その電子的な地図をもとに運転を行うため、より正確な情報が必須となる。

また、セキュリティ技術も重要だ。二〇一五年八月、サイバーセキュリティのイベントで、二人の研究者がフィアット・クライスラー・オートモービルズ（FCA）のSUV「ジープチェロキー」に不正な命令を送り、ハンドルからブレーキに至るまで、すべてが外部から操作できる手法を公開したという事案があった。この件でFCAは自主リコールに踏み切ったのだが、衝撃を与えたのは、遠隔操作のみでクルマをハッキングできる事実を明らかにした点である。悪意を持った第三者が自動運転車を自由に操れないようにする技術が必要不可欠なのだ。

最後に、電気自動車は、燃料電池車に比べて電気的な制御が容易だという観点で、ＡＩやＩｏＴとの親和性が高い。少し前ならば、次世代自動車として燃料電池車と電気自動車とが並び称せられていた。ＡＩ技術が注目される前の段階で、コネクテッドカーのような発想がないためにクルマ単体だけを前提に考えていればよかったからである。冒頭で指摘したように、当時はできるだけ環境に悪影響を与えず、地球温暖化対策にもなり、効率性の高いクルマという選定基準に基づいていた。

ゲームのルールが変わった今、軍配が上がるのは電気自動車であろう。燃料電池車は、化学反応によって発生したエネルギーを使ってモーターを回して走るクルマであるため、電気自動車と比較して、電気制御との相性がよいとはいえない。相対的にＡＩ、ＩｏＴとの親和性が低いと思われる。

自前主義の限界 ——垂直統合型から水平連携型へ

第1章で指摘したように、乗用車も一定の機能を持ったモジュール単位で作られるようになってきた。さらに、自動運転車の発展と相まって、自動車製造業は一部の例外を除き、今までの「垂直統合型」から「水平連携型」(注４)に変わりつつあるようにみえる。つまり、「系列」を解消する方向に動くとともに、自前主義に限界に感じ、必要に応じて系列外の企業と連携すると同時に、経営資源の「集中と選択」を行うようになってきたように見える。

もともとアメリカの自動車企業は、日本の自動車組立メーカーよりも、自前主義の傾向が強く、日本で言うTier1やTier2の一部までも、自社内で持っているケースが多かった。それに対抗するため、日本の組立メーカーは系列を作り、Tier1やTier2企業と株式を持ち合い、系列企業から多くの部品を調達してクルマを製造してきた。これら系列企業との取引は長期的に取引を行うという前提で、お互い設計図を共有し、系列企業は組立メーカーのニーズに合うような部品をできる限り低価格で作ってきた。その意味では、自動車組立メーカーと系列企業はウィンウィンの関係にあった。しかし新興国企業が成長し世界的に自動車産業の競争が激化したことを背景に、より安価に部品を手に入れるため、長期的な取引慣行である系列取引を崩し、部品をより安く競争入札で調達するケースも増えてきた。

特に、日産は仏ルノーと連携してから、日本の組立メーカーのなかでは際立って系列解体を進めてきた。例えば、エアコン、熱交換器、メータ類等を製造する日産最大のTier1企業のカルソニックカンセイについても、昨今、米投資ファンドのコールバーク・クラビス・ロバーツ（KKR）にその持ち株を売却すると発表している。さらに、電気自動車が次世代自動車の主流となることをにらんで、基幹部分の蓄電池の関連部門を売却しようとしている。具体的には、二〇一七年八月、車載用電池メーカー、オートモーティブエナジーサプライの株式の五一％を中国の投資ファンドに売却すると発表したのである。これは、電池が研究開発に多大な資金がかかるほか、生産に規模の経済が働き、多く生産した方がコストを抑えることができるため、投資競争の様相を帯びているからだといわれている。この逆張りの日産の発想は、系列の解体というよりは「垂直統合型」から「水平連携型」の移行に関して、その固い意志を感じる戦略である。これから、日産は、センサーや画像認識技術などAI関連の開発で多額の資金が必要となるため、それらに「集中と選択」で経営資源を集中投下するものと思われる。

今後、他の自動車組立メーカーでも、ガソリンエンジン車から自動運転車への移行の過程で、その基盤となる体制が大幅に変わっていくはずである。すなわち、今まで組立メーカーが取引をしたことがない、OSやソフトウェアに強いAI技術を駆使する企業の力を借りなければならないのである。そのため、企業連携、M&Aを繰り返し、従来の系列では無関係であった企業との連携が必要不可欠となる。

例えば、トヨタは「トヨタ・リサーチ・インスティテュート（TRI）」内に一億ドル（約一一三億円）のベンチャーキャピタルを設立し、AI、ロボティクス、自動運転、クラウドの四分野でベンチャー企業に投資すると発表している。ただし、トヨタの戦略は自らの足らざる部分を補充するという意味で「自前主義」から脱却しているが、緩やかな企業連携や外部調達を中心とする「水平連携型」ではなく、足らざる技術を買収して、「垂直統合型」を維持しようとしているように見える。このトヨタモデルがいいのか、前述の日産モデルがいいのか、今はわからない。ただし、現段階では、移り行く先端技術のなかで、勝ち馬に乗れる自由度が高い日産モデルの方に分があるように思える。

導入までのステップ——発展途上国から始まる

自動運転車が実社会で導入された直後は、技術が未成熟なため、自動運転でないクルマとの共存が難しいといわれている。特に交通量が多い先進国ではそういえるのではないか。他方、発展途上国のなかには、道路、信号だけでなく、地図も十分整備されていない地域もある。逆説的ではあるが、そのような地域でこそ、自動運転中心の社会がいち早く到来するかもしれない。

その根拠の一つとして、少し前の発展途上国における固定電話と携帯電話の事例が挙げられる。固定電話は、主要基地局とそれぞれの電話を有線で結ぶため、初期コストが相当かかる。さらに、ある一定規模以上に使用者が増えないと、初期コストを回収できるまでの収益を上げることが難しい。他方、携帯電話は無線であるため、基地局さえ設置すればよいことになる。すなわち初期コストが格段に少ない。各自が携帯電話を購入しさえすれば使用が即可能となる。今まで通信インフラがない地域ならば、固定電話よりも携帯電話の方が導入しやすいのである。その結果、発展途上国では携帯電話の方が早く普及する事例が数多く見られることとなった。

携帯電話と同じように、自動運転も、発展途上国では、蛙飛び（リープ・フロッグ）で普及するかもしれない。

先進国では、技術の進展とともに段階的に自動運転が普及するはずだ。自動運転の技術が未熟な時代は、専用道における自動運転車の運航から始まると思われる。まず、物流から始まり、人流に移っていくのであろう。ただし、物流も人流もラストワンマイルまですべて自動運転というわけではなく、初めは、東京から大阪というような長距離大量輸送のパートを自動運転に任せ、中継拠点の東京や大阪から最終目的地までは、ヒトが運転するクルマが用いられるであろう。自動運転車は、このように、区間を限定しつつ、技術の進展を考慮し、段階的に導入されると思われる。

国民にとっては、いつからどこの区間で自動運転を開始するという中期スケジュールを明らかにしてもらった方が、予見性が増し、覚悟もできる。また、企業にとっても研究開発の目標になる。ただ一方で、十年程度のレンジで技術がどこまで進み、国民の社会受容性がどこまで進むのかという予見は困難なのである。したがって、今後は政府が少なくとも大まかなスケジュールを示し、その時々の技術の進展の度合を見て、ＰＤＣＡサイクル（注５）のなかで微修正を繰り返す方法が現実的であると考える。

スマホ革命で起きたこと――ハードとソフトの逆転

日本の携帯電話の世界で、携帯電話通信会社や携帯電話端末メーカーからＯＳ／ソフトウェアメーカーへ主導権が移ったように、自動車も自動運転車の実用化を契機に、同様なことが起こる可能性が高いと思われる。

以前、日本では、携帯電話通信会社（ＮＴＴドコモやソフトバンクモバイルなど）が要求する仕様に応じた端末を、携帯電話端末メーカー（シャープや富士通など）が開発・生産していた。携帯電話通信会社は、通信費という形で莫大な利益を得られるため、ユーザーと長期通信契約を結ぶことを最重視していた。そこで、販売代理店に対して多額の販売奨励金を出し、携帯電話端末の実売価格を低く抑え、ユーザーの購買意欲を高めてきた。そのため、日本の携帯電話端末メーカーは、自ら営業努力をせずに国内だけで利益をあげられる仕組みになっていたのである。

また、以前の日本の携帯電話端末はＳＩＭロックが解除できなかった。ＳＩＭロックとは、携帯電話端末用のＳＩＭカード（注6）を特定の通信会社にしか使えないようにして顧客を囲い込む仕組みであり、ユーザー側から見れば、今使っている端末から他社の端末に切り替えるハードルが高い。携帯電話通信会社はこの仕組みを利用して、通話料という形で長期的に、安定した利益をあげることができていた。

これに対して海外では、今使っている携帯電話のＳＩＭカードを抜いて、他の携帯電話

図17　日本の携帯電話のビジネスモデル

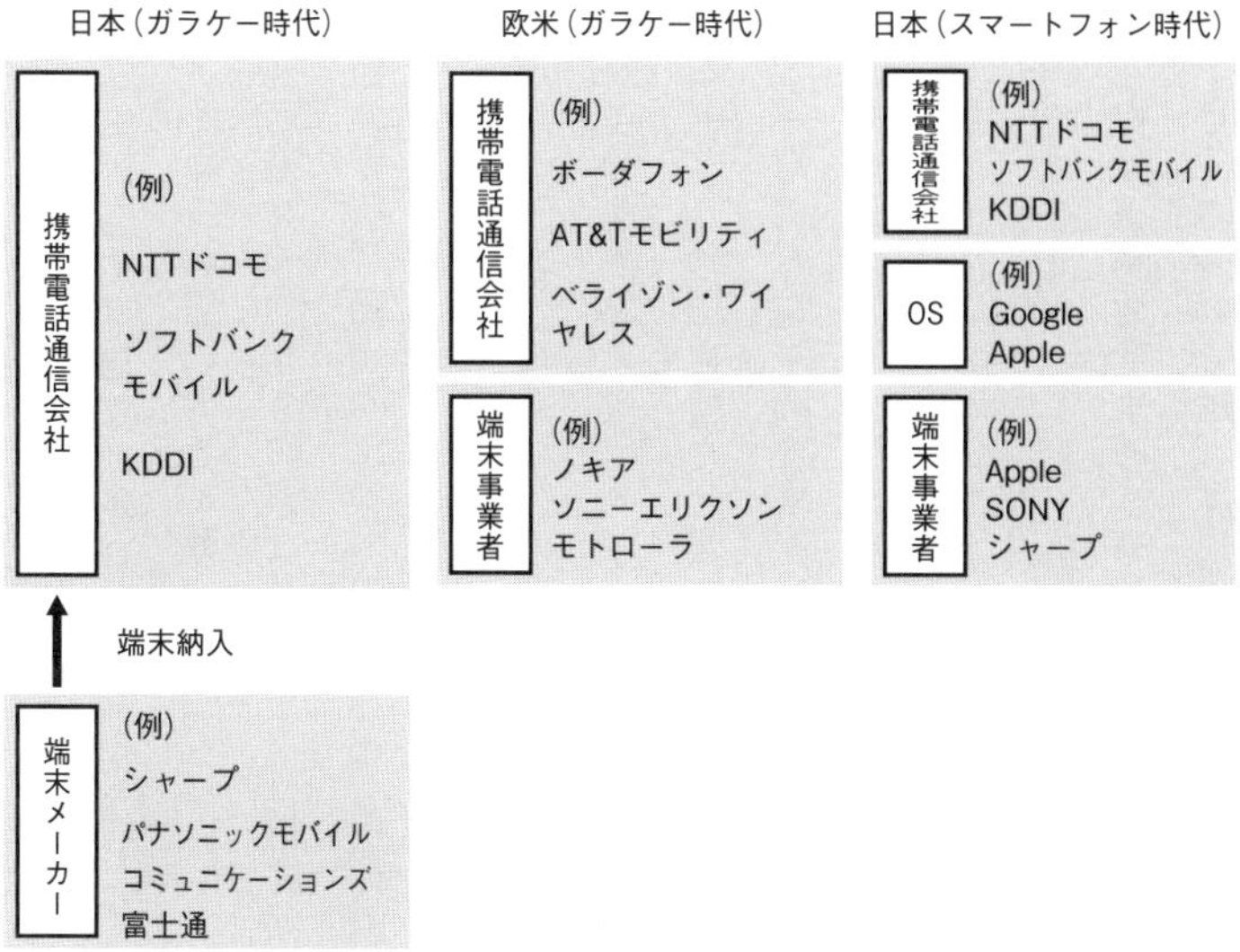

（出典）中村[2011]を修正

に入れて使うといったこともでき、携帯電話端末や通話サービスの選択が自由化されている（図17の真ん中の「欧米（ガラケー時代）」）。最近では、ユーザーの利便性を尊重し、日本でもSIMロックが解除できるようになり、海外と遜色ない環境となってきた。

　さらに、スマートフォンの出現とともに、競争条件が変わった。スマートフォンを駆動させるオペレーションシステム（OS）がアンドロイドとアップルのOS（iOS）に二分され、ほとんどのスマートフォンがそのどちらかのOSを使うようになっている。そのため、携帯電話における力関係が、携帯電話通信会社や携帯電話端末メーカーからOS／ソフトウェアメーカーの方に大きく傾いたのだ。

この携帯電話の動きと同様な動きが、自動運転導入後の日本の自動車産業にもあてはまるかもしれない。**図18**の左の図のように、現在の自動車産業は、自動車製造業と自動車関連サービス業に分かれている。さらに、自動車を安全に運航するために道路インフラも必要であり、これを含めて現在の広義の自動車産業を構成している。

それが自動運転導入後に大きく変わっていく。

道路インフラは引き続き必要であるが、その中身はハード的な道路整備に加え、自動運転に必要不可欠な電子的な地図情報作成というソフトインフラも含まれることになる。ただし、ソフトインフラは今後拡大が期待されるが、道路インフラは新たに建設するというよりもメンテナンスが中心となり、全体として自動車産業に占める割合はわずかに減っていくと予想される。

一方、自動車関連サービスや自動車用OS／ソフトウェアは増加が期待される。自動車関連サービスについては、従来の人流・物流サービスに加え、ライドシェアリングなどの

図18　日本の自動車産業（現在と自動運転導入後）

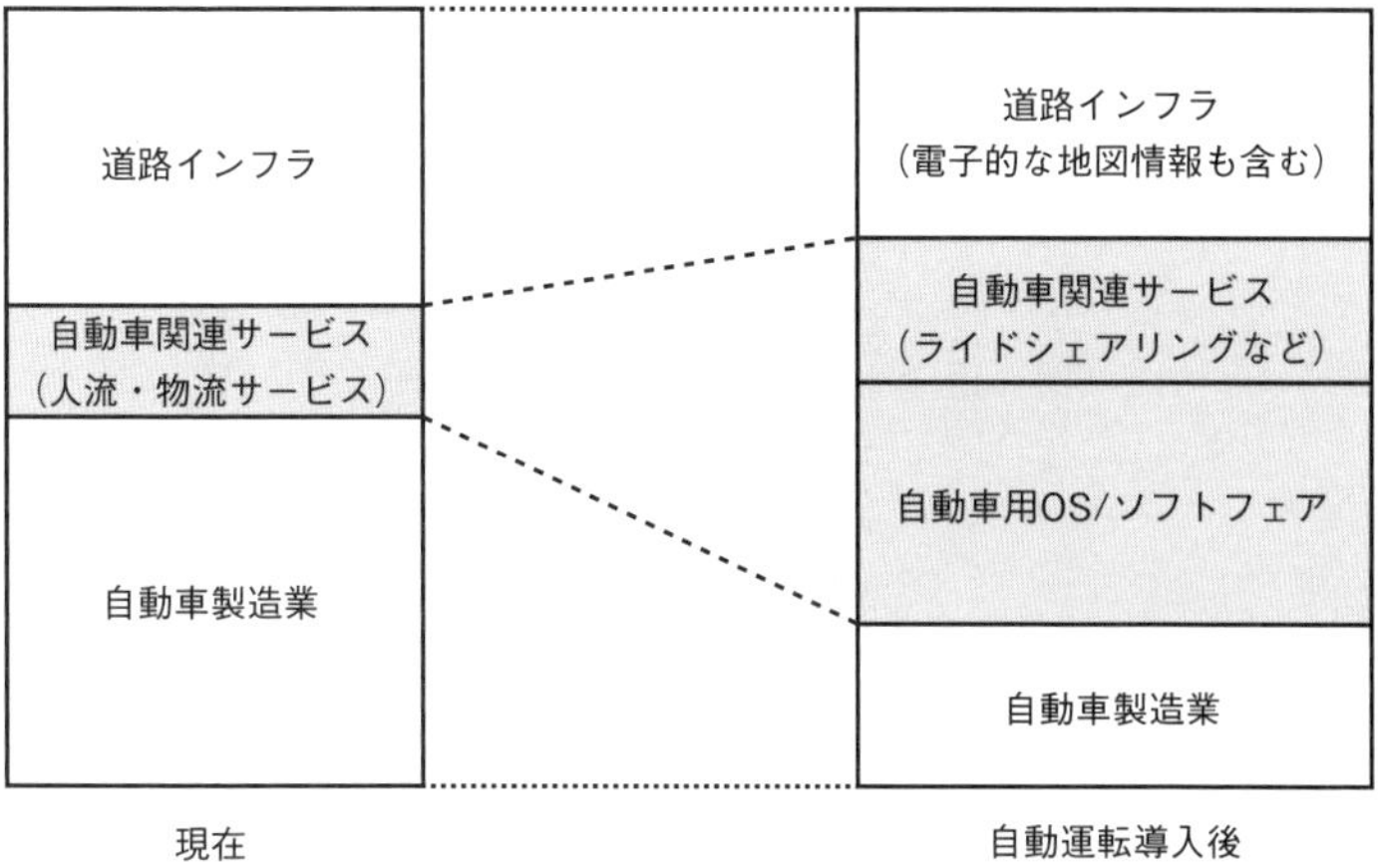

新たなビジネスが加わり、確実にそのシェアを増加させていくと考える。さらに、自動運転車が普及すると、車内で映画を見たり、音楽を聴いたりする時間が増えると思われる。それら映画や音楽のコンテンツの拡充もさることながら、同時に車内空間を静かに保ったり、音漏れを防ぐ新素材の開発も必要となるはずである。また、自動運転は、認知、判断、操作をつかさどるＯＳやソフトウェアが必要不可欠であり、その性能次第で自動運転車の性能が決まるといっても過言でない。そのため、これらの部分を担当する企業の発言力が強くなると思われる。これは、まさにスマートフォンでＯＳ／ソフトウェアメーカーの力が強くなっていくのと似ているのではな

いだろうか。

だからこそ現在、強大な影響力を有しているものの、今後、相対的に発言力が小さくなるだろう自動車製造業（特に自動車組立メーカー）が、生き残りをかけて、同業種の連携のみならず、ＡＩ企業との連携、買収に血眼になっているのである。仮に、現在、競争力のある特定の海外企業が地図データ等のビッグデータの保有・活用やＡＩを使った情報処理技術などの情報インフラを押さえてしまうと、海外企業に「走る、曲がる、止まる」といったクルマの基本性能を制御する「頭脳」を握られてしまうこととなる。日本の自動車産業は、単なる「ハコ」を作るだけのメーカーとなってしまうだろう。したがって、日本企業に、このような情報インフラを構築できるか否か、少なくとも競争力のある特定の海外企業と協業ができるか否かが、今後の日本の自動車産業にとって重要な分岐点となる。今の状況は、自動車製造業（特に自動車組立メーカー）の危機だけでなく、日本のものづくり産業の危機を示唆している。

コラム

系列のゆくえ

これまで日本の電機メーカーは、開発・製造・販売をすべて一社内、あるいはグループ内で手がける傾向が強かった。これを、垂直統合という。一方、アップルのように、生産の部分を他社に委託し、開発（デザインも含む）と販売のみを自社で行う企業を、ファブレス企業（＝製造部門を持たない）という。そして、委託された製造を専門に行う企業をEMS（Electronics Manufacturing Service／電子機器受託製造サービス）と呼ぶ。

このEMSを活用したファブレス企業の登場と、EMSを活かせず「垂直統合型」のやり方にこだわったことが、日本の電機メーカーの敗因となったのではないかと、よく指摘されている。

つまり、今まで、日本の電機メーカーは、組み立てに「高い技能」を持っていて、それが強みだと思っていた。しかし、EMSを活用したファブレス企業の台頭と成功は、その強みを打ち砕くものだった。垂直統合で「ものづくり」のすべてを抱え込んで生産しなくても競争に勝てる、ということを示したのである。

そうなると、すべてを自社で行う「自前主義」はよいことなのか、「垂直統合型」では組織の動きが鈍くなって、新興国のニーズの変化に迅速に対応できないのではないか、日本企業もＥＭＳをもっと活用すべきではないか、といったような議論が生じることになった。

しかし、世界の企業を見渡してみると、どちらのやり方が優れている、とはっきり優劣をつけるのは難しいようだ。

同じ「垂直統合型」を採用している企業でも、サムスン電子やＬＧ電子の業績はよく、「垂直統合型」の日本

電機メーカーの垂直統合と水平分業

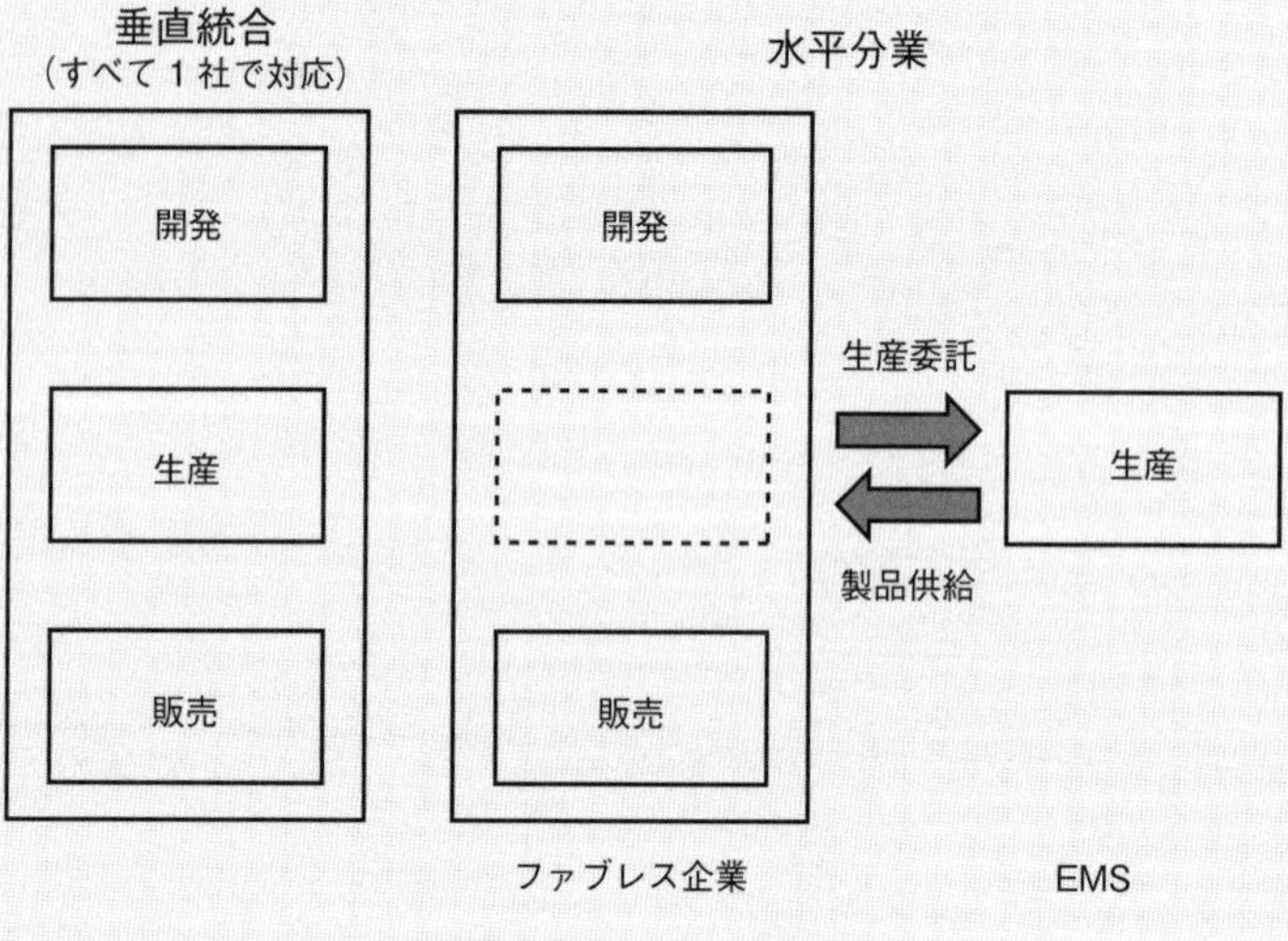

の電機産業の業績は落ち込んでいる。水平分業を採用しているアップルも業績がいい。そして、かつての日本企業は「垂直統合型」で高い業績をあげていた。

そう考えると、単純に垂直統合がだめで水平分業がいいということではないようだ。韓国の企業の成功を見ていると、これらの体制うんぬんよりも規模の経済のメリットを最大限に活かしていることが効いているように思える。

したがって、垂直統合と水平分業のどちらが望ましいか、という議論は、それ単独ではなく、どのような製品を作りたいか、その製品はどういう特性の製品なのか、といった議論とセットで論じられるべきテーマではないかと思われる。

このようななか、自動車製造業でも、「垂直統合型」から「水平分業型」へ移行が話題となりはじめている。ただ、それは電機メーカーのそれと大きく異なる。今までの自動車製造業の「垂直統合型」のイメージは図6のようなヒエラルキー型の系列システムであった。それが図9のような「水平分業型」に移行するというものである。これは、単に電機メーカーのようにファブレス化して、生産機能が外付けになったというのではなく、今まで、系列内の企業が持っていない技術が自動車に不可欠となり、そのモジュールを外部調達することを意味する。したがって、今まで、系列のトップとして自動車組立メーカーが自動車製造のすべてをガバナンスしていたものが、そのモジュールだけ、ある意味、ブラックボックスに近いものとなり、自らの手の及ばないところのものとなってしまうのである。それらは、AI、IoT関係のモジュールに多いと思われる。

自動車組立メーカーは、今までよりガバナンスが効かなくなるのを覚悟の上で、水平分業の前段階の水平連携に移行し、自前主義から徐々に脱却する動きも見られるようになった。その一方で、今までのガバナンスをある程度維持するため、今まで自分（あるいは系列全体）が持っていなかった技術を持っている企業から獲得するために企業買収を行う動きも起きている。これは、広義の自前主義、垂直統合回帰ということになるが、これはトヨタが顕著である。

第3章

つながる革命
——スマート工場とコネクテッドカー

AI、IoTのムーブメント

第四次産業革命のことを、サイバー・フィジカル・システム（CPS：Cyber Physical System）による革命ということもあるようだ。なお、このCPSとは、実社会とサイバー空間の相互連携を通じて社会問題を解決するシステムのことをいう。(注1)

まず、AI、IoTのムーブメントの理解を深めるために、このムーブメントを「AI、IoTを活用した製造業から新たなサービス産業への拡張」と「AI、IoTによる製造という二つの視点から考えてみたい（**図19**）。

「AI、IoTを活用した製造業から新たなサービス産業への拡張」は、言い換えると、「つながる製品」による革命というところであろう。つまり、あらゆる製品をネットワークにつなげ、製造業から新たなサービス産業を創設することである。まず、BtoC、BtoBに分けて、その実例を挙げてみる。

BtoCの典型的な例は、「ネット家電」である。「ネット家電」とは、インターネットでつながり、離れた場所から動作を制御したり情報を更新したりできる家電製品のことであ

図19　AI、IoTの一連のムーブメント

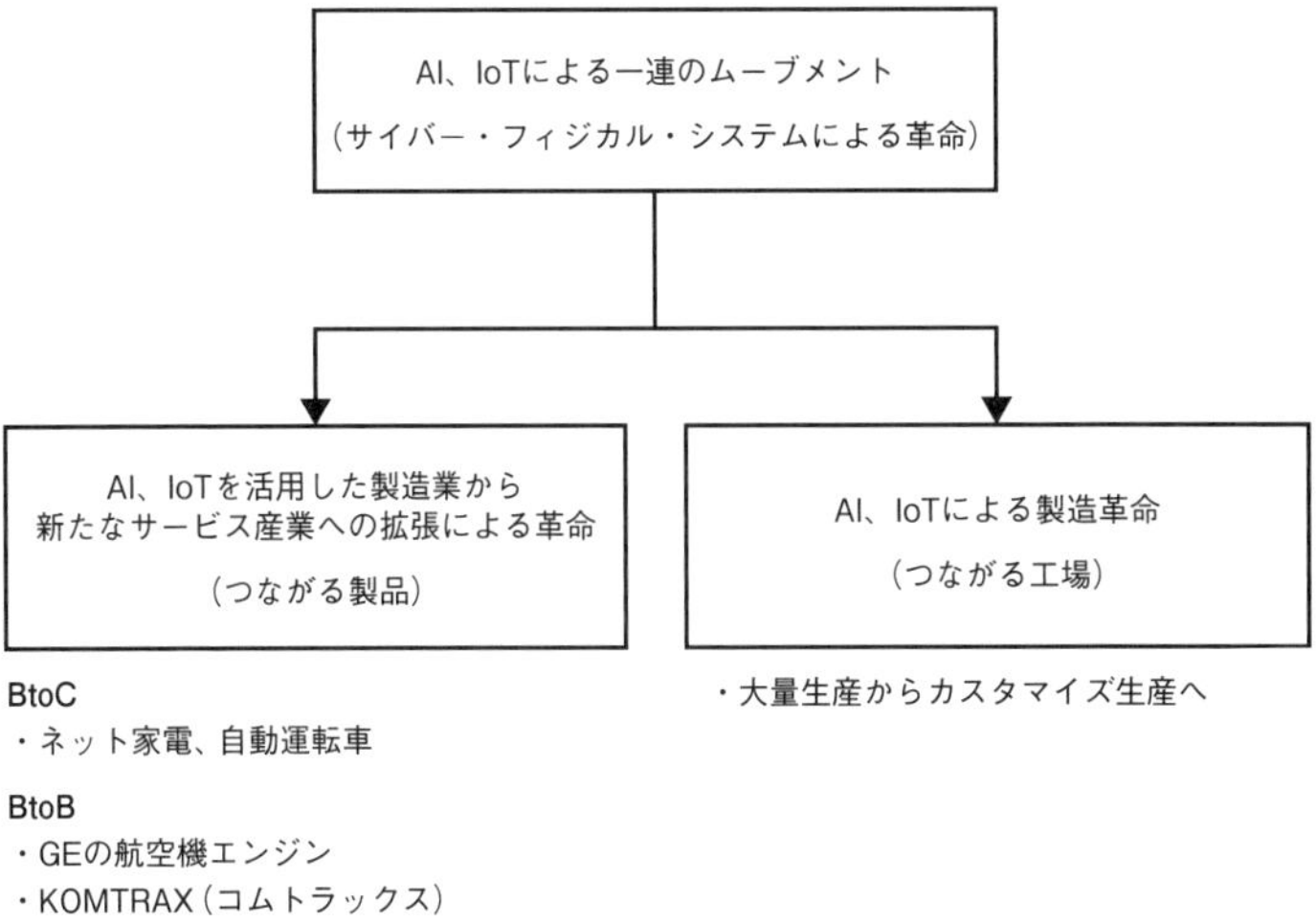

り、「スマート家電」とも言われている。わかりやすい例としては、外出先からスマホで電源を入れられるエアコンが挙げられる。また、若干進んだ例としては、扇風機を温度や湿度に合わせて制御するのはもちろん、エアコンと連動して風量を調整する例などがある。これはMtoM（マシーントゥマシーン）の連携ともいう。さらに、典型的なBtoCの例として、「コネクテッドカー」も挙げられる。

一方、BtoBにおける「つながる製品」の典型例としては、米GEの航空機エンジンの例がよく知られている。米GEは、航空機エンジンの製作だけ

でなく、実際の稼働中に、それらに取り付けたセンサーから回転数などの様々なデータを取得し、交換が必要になりそうな部品とその時期を保守要員に知らせる「予知保全」を行っている。さらに、飛行データの解析を行い、効率的なフライト航路を導き出し、航空会社に提案している。その結果、例えばアリタリア航空は、年間一五〇〇万ドルの燃料コストを削減したという。

日本のBtoBの例としては、コマツのKOMTRAX（コムトラックス）が挙げられる。コムトラックスは、建設機械から得られる情報（位置情報、稼働情報）をインターネットを用いて集中管理し、それらを最大限活用することにより、最適な部品交換や修理サービスのタイミングを告知し、サービスの付加価値を高めるビジネスモデルだ。

以上のBtoBにおける「つながる製品」のイメージは、製品を作り、販売して終わりではなく、販売後もAI、IoTを活用して管理し、付加価値を生んでいこうというビジネスモデルだ。

他方、「AI、IoTによる製造」として世界的に有名なのは、ドイツのインダストリー4・0であろう。インダストリー4・0は、そもそも、二〇一一年にドイツの産学によって立案されたものであり、ドイツの製造業の競争力強化を図るため、AI、IoT等を活用して、生産の効率化やサプライチェーンの最適化を進め、国全体をあたかも一つの「スマート工場」にすることを目指した国家プロジェクトである。(注2) つまり、国内の工場の生産ラインに組み込んだセンサーやこれを制御するシステムを整備し、それらをネットワークでつないで関連する情報を収集・分析し、生産性を向上させる試みである。日本では最近、このインダストリー4・0が脅威となるのではないかと話題になっている。

インダストリー4・0とは、具体的にはどのようなものか、二〇一五年度の『ものづくり白書』に掲載されている**図20**を用いて考えてみよう。(注3)

ここでは、インダストリー4・0を、デジタル化で製品設計～生産設計～生産～販売・保守までのデータ（横の流れ①開発・生産工程管理）と受発注～生産管理～生産～物流までのデータ（縦の流れ②サプライチェーン管理）をつなぎ、多品種少量生産をさらに進化させた変種変量生産に対応した柔軟で自立的な生産現場を創出するプロジェクトと定義づけている。その際、顧客に対して製品だけを提供するのではなく、製品とサービスをパッケージとして提供することも企図している。

日本やドイツでは、以前から工場における作業や工程を装置や情報システムを使って自動化するファクトリーオートメーション（FA）が相当程度進んでいるので、インダストリー

図 20　インダストリー 4.0 の生産システムのイメージ

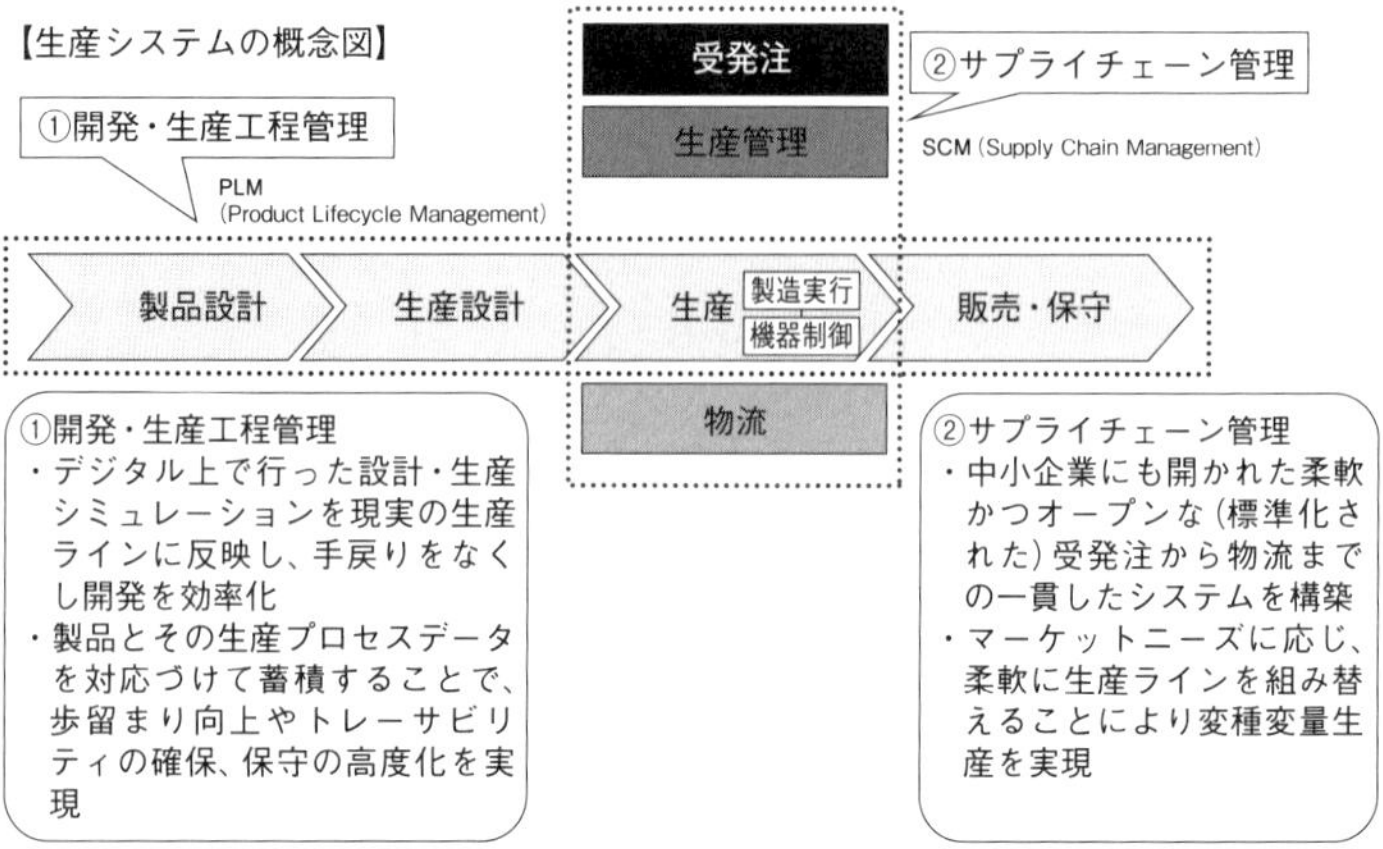

【生産システムの概念図】
①開発・生産工程管理
PLM
(Product Lifecycle Management)
受発注
生産管理
②サプライチェーン管理
SCM (Supply Chain Management)
製品設計
生産設計
生産
製造実行
機器制御
販売・保守
物流
①開発・生産工程管理
・デジタル上で行った設計・生産シミュレーションを現実の生産ラインに反映し、手戻りをなくし開発を効率化
・製品とその生産プロセスデータを対応づけて蓄積することで、歩留まり向上やトレーサビリティの確保、保守の高度化を実現
②サプライチェーン管理
・中小企業にも開かれた柔軟かつオープンな(標準化された)受発注から物流までの一貫したシステムを構築
・マーケットニーズに応じ、柔軟に生産ラインを組み替えることにより変種変量生産を実現

資料：経済産業省作成

4・0は何ら新しい概念ではないという人もいるが、二つの点でFAとは決定的に違う。

その一つは、異なるメーカーの装置であっても、データ仕様を共通化して、つなげることを目指す点である。

もう一つは、それぞれの装置が「考える」、つまり、「スマート」である点である。これまでのFAは集中管理型で全体の生産プロセスを制御するものであるが、インダストリー4・0は、装置自身が「考え」、非集中型、分散型の制御を目指すものだ。同時に、サプライチェーン及び開発・生産工程管理全体をデジタル的につなぎ、大幅に強化されたコンピュータ能力を活用して現場の全体の情報をサイバー空間に転写する。そのうえで、生産システムをシミュレーションして、現場に指示しなおすことによる最適化を目指している。

さらに、日本企業にとって最大の留意点は、インダストリー4・0は、「AI、IoTによる製造」や「つながる工場」にとどまらない点にある。すなわち、モノを作って終わりではなく、そのモノを活用しつつ、新たなサービス産業の創設まで念頭に置いている点である。もう一度、**図20**を見直してみよう。横の流れを①開発・生産工程管理としたが、右に向かってその流れを見ていくと、「販売・保守」までつながっている。ここからも、単なる生産で終わるのではなく、生産した後で新たなサービス産業へつなげていこうとする意図が透けて見えるであろう。

「つながる工場」というデジャブ

一九九〇年代、日本はデジタル技術によってスマートな製造現場の実現を目指す「IMS（インテリジェント・マニュファクチャリング・システム）国際共同研究プロジェクト」（**表21**）を提唱し、この世界的なプロジェクトを主導してきた過去がある。しかしながら、

表21　IMS国際共同研究プロジェクト

・目的及び概要 IMS (Intelligent manufacturing Systems) は、先進工業国の製造業の熟練技能者・技術者の不足、市場ニーズの多様化、変化の急激化、企業活動のグローバル化、地球環境問題の深刻化などの問題を解決し、製造業の基盤の強化を図るため、先進各国の産学官が連携して、それぞれの得意とする技術と研究手法を持ち寄って、次世代の知的生産システムの構築を図る国際共同研究開発プロジェクト。 **・期間** 1995年度～2004年度 **・総予算** 12,132,562千円 **・目標** 2004年度までに、多様なユーザーニーズに対応できる柔軟かつ効率的な生産システムなど、次世代高度生産システムに必要とされる技術基盤の確率を目指す。 **・成果** 変種変量生産システム、自動化、ロボット、IT活用等による製造法の高度化・効率化、及び高度環境監視システム、有害物質フリー化、ライフサイクルアセスメント等による環境問題への対応等、多岐にわたる技術的成果が得られた。

このプロジェクトは、その当時、コンピュータパワーやインターネット環境が未熟だったため、ビッグデータを十分活用できなかったことなどから、日の目を見なかった。また、参加企業が実証試験の成果を個別に持ち帰ったため、企業同士のさらなる協力関係を構築できず個別企業を超えてイノベーションを興すことができなかった。そもそも、このIMSの構想自体、インダストリー4・0のよう

な新たなサービス産業の創出はプロジェクトの対象外で、マニュファクチャリング・システムの構築を念頭に置いたものであった。

しからば、コンピュータパワーが増強され、ビッグデータの処理が可能となった現在、本来であったら、日本が「インダストリー4・0」のコンセプトを打ち出すべきであったが、結果として、できなかった。

過去の歴史を紐解くと、その結果もうなずける。一般的に、ドイツをはじめ欧州の国家プロジェクトはコンセプト重視、片や、日本は実態重視（企業尊重）の傾向があるといわれている。例えば、ドイツが過去に高邁なコンセプトを提示したときに、日本企業は、「そのコンセプトは絵に描いた餅であり、実態は日本企業の方がはるかに進んでいる」と主張している。確かに、ドイツは当初コンセプトだけの面もあり、始めた当時は日本企業よりもはるかに遅れていることが多いが、いったん着手すると、そのコンセプトに向かって着実に歩みだす。業界内調整の不要な一業種一社に集約されつつある産業構造が有利に働き、加速度的に進むのである。一方、日本は複数の同業種の企業が市場で競争しているため、個々の企業の技術は優れていても、それらの協調は難しく、結果としてドイツのように国全体の普遍的なモデルとして整理して、すべての企業が参加できるようなシステムはなかなか構築できない。

インダストリー4・0

確かに、インダストリー4・0に関しても、ドイツを含め欧州はコンセプト優先で実態として中身があまりなく、個別企業で見るとドイツ企業よりも日本企業の方がはるかに進んでいるとの指摘は、ある意味では的を射たコメントである。ただ、もしそうであったとしても日本企業に欠けている点はないのだろうか。

その一つは、日本企業が考えているインダストリー4・0的なものは、あまりにも内向きだという点である。言い換えれば、ドイツが国全体を構想しているのに対し、日本は、広くとらえたとしても一企業を中心としたその関係企業群（いわゆる系列内取引の枠内）であり、通常はその企業内のことを考えている。

さらに、日本企業は効率化、省人化を念頭に置いたコスト削減を中心に考えているが、インダストリー4・0は、コスト削減という面もあるが、それ以上に重要視しているのが、外向け、顧客向け対応である。つまり、顧客満足度（CS）を高めるとともに、販売

表22　インダストリー4.0に対する日本の従来の対応

	基本的な考え方	対象	目標	改革のスピード
ドイツ	コンセプト重視	・製造工程のみならず付随するサービス産業も対象 ・国内全企業対象	・コスト削減だけでなく新たなサービス産業の構築を視野 ・結果として各社の売上や収益アップ、生産性上昇	基本、1業種1企業のため進捗が早い
日本	実態重視	・製造工程中心 ・関係企業（系列間取引）中心	コスト削減	同業他社が多いため、国全体としての進捗は遅い

後の保守管理等を通じて新たなサービス産業を創設し、売上高や収益を上げ、結果として労働生産性を上げようとしているのだ。加えて、インダストリー4・0は、少子高齢化、人口減少社会に伴う労働力不足対策というだけでなく、ワークライフバランスの改善も想定しており、労働者の利益につながる可能性もある。コンセプト提示から六年が経った今、その影響が工場のみならず、工場外のサービス産業等に波及し始めている。

インダストリー4・0が成功すれば、ドイツは国家として労働生産性があがり、産業競争力が強化されるであろう。ただ、すべてのドイツ企業が、インダストリー4・0で利するというほど甘くはない。

自動車組立メーカーは、国内市場だけではなく、世界市場における競争でも勝っていくためには、トップダウンでインダストリー4・0を推進するインセンティブがある。というのは、部品を納入している企業のガバナンスが高められるだけではなく、それらの企業の実態をIoTを活用して細部まで把握できるようになるため生産効率があがり、市場が望むクルマを迅速に供給できるようになる。結果として、売り上げ、収益が上がることが想定できるからであろう。

その過程で、組立メーカーに部品を供給している技術力のある中堅企業、中小企業に仕事が集中し、競争力のない企業は仕事がなくなる可能性もある。というのは、部品を納入している企業だけでなく、すべての企業とIoTでつながることが前提であるため、組立メーカーは部品を供給する各企業のコストを含む効率性や品質のよさが比較可能となる。その結果、部品を納入する中堅・中小企業は優勝劣敗となる。

勝ち残った競争力のある中堅企業、中小企業は順風満帆かというと、必ずしもそうではない。組立メーカーの厳格なガバナンス下に置かれる可能性が高いだろう。組立メーカーは、それら中小、中堅企業のコスト構造も把握可能なため、大きな利益をあげないように、生かさず、殺さずの対応をしていくに違いないからである。

日本の3つの障壁

日本がそのまま、ドイツ発のインダストリー4・0の構想を適用することは考えられないが、このドイツの戦略を日本に適用するとどうなるかを検討することは、今後の日本の戦略を考えるうえで参考になるであろう。以下では、ドイツのインダストリー4・0的なものを日本に適用する際に生ずる三つの障壁を考えてみる。

まず、第一の障壁は、本当に日本全体を「つながる工場」にできるのかという問題である。自動車製造業を考えてみよう。日本には、トヨタ、日産、ホンダなどの自動車組立メーカーがあるが、それぞれは一昔前よりも厳格ではないものの緩やかな系列があり、その系列に属する企業から部品を調達するケースが多い。それぞれの系列は、フィジカルなシステムである看板方式を用いて、ジャストインタイムで自動車組立メーカーに部品を供給している。仮に、それら部品供給メーカーのデータを系列を越えて共有化すると、品質の良く価格の安い部品供給企業に発注が集中することになるだろう。部品供給メーカーが淘汰され、それに伴い雇用者の失業問題が発生する可能性が高い。

一方、自動車組立メーカーにとっても、短期的には効率的で品質のよい安いクルマ作りができるかもしれないが、中長期的には、どの組立メーカーも金太郎飴のような個性のないクルマを作ることになるのではという懸念が生ずる。

化学メーカーなどの企業について考えてみると、その生産工程には数多くのノウハウが含まれており、そのあらゆるデータが共有されてしまうと、門外不出の「秘伝のたれ」のようなデータも公知となってしまい、企業の競争力を削ぐことにつながりかねない。したがって、企業によっては、つながりたくない、公開したくないデータも当然出てくるであろう。

第二の障壁は、「〝国内〟標準化問題」である。例えば、インダストリー4・0の説明で使用した**図20**で考えてみよう。横の「①開発・生産工程管理」に関しては、ドイツではシーメンス、フランスではダッソー、アメリカではパラメトリック・テクノロジー・コーポレーションが各国の代表企業となっているが、日本企業は、海外ではほとんどシェアがないが、国内では複数メーカーがガラパゴス的にシェア争いをしているのが現状である。

海外では、一業態で競争力のあるのは一社だけというケースが多いため、その国の政府は、その企業にテコ入れすればいいが、日本の場合、複数の企業が狭い国内市場で競争し、どの企業も撤退しないために「過当競争」となり、国際標準化以前の問題に〝国内〟標準化すら難しいということになりがちなのだ。

第三の障壁は、「サイバーセキュリティ」である。これは日本固有の問題ではなく、インターネットに関する世界的な問題である。例えば、日本では、ベネッセの顧客情報、日本年金機構の個人情報の流出問題などが起こっており、インターネット上でのデータ流出への関心が高まっている。特に、製造業のサイバーセキュリティはＩＴサイバーセキュリティと違い、対応策が遅れている。というのは通常のＩＴ機器は数年で入れ替わり、その度に最新のセキュリティ対策がなされる一方、製造業の現場では三十年使っている機器も数多く、また、電子的につながないことを前提に設計されている機器も多いため、対応が遅れがちなのである。

仮にインターネットにつながったデータがその時点で完璧なセキュリティ対応がなされていたとしても、サイバー攻撃が巧妙化し、工場の制御機器が破壊されるかもしれない。インターネットとつながる利便性もあるが、そのリスクの大きさも考えなければならないだろう。現在、化学プラントでは、センサーを多数つけ、最適な反応を持続させるために管理・制御しているが、そうしたデータはインターネットにつなげられていない。万が一サイバー攻撃を受けハッキングされると、大事故につながるからである。

国際標準化——戦略の裏にあるもの

ドイツのインダストリー4・0の目的は、自国の企業がその強みを活かし、国内外で競争力を高めることにあるが、それを達成するための重要な戦略が国際標準化である。すなわち、自国の企業が有利になるように国際標準を設定し、世界のゲームのルールを変えようとしているのだ。そのルールのもと、ドイツ国内に「つながる工場」を作り、人件費などのコストを低減させ、国内製造業の競争力を高めようとしている。さらには、この「つながる工場」をパッケージ化して新興国に輸出し、ドイツ企業を中心とした「地産地消」を進めようとしている。言い換えれば、低コスト国を求めて工場が転々とする時代を終わらせ、消費地の近くで「ものづくり」を行うことを目指しているのである。

他方、この際、インダストリー4・0を契機に、ドイツの国内企業のなかには今までの競争条件を変えたいという「思い」を持った企業もある。具体的には、組立メーカー等の最終製品製造企業を頂点としたヒエラルキー構造を変えたい企業、例えばSAPやボッシュが、インダストリー4・0の主導者であるという事実からも裏付けられる。SAPは国際的に標準的なプラットフォームを提供することによりヘゲモニーを握ろうと考えているし、ボッシュもメガサプライヤーから脱皮し、組立メーカーを凌駕して、ドイツの自動車産業のイニシアティブを取ることを目指している。

日本はどうするべきか

日本企業同士でウィンウィンの関係が成り立ち日本企業の産業競争力が高まるのであれば、インダストリー4・0のように日本全体を「つながる工場」にすべく努力した方がよいであろう。ただ、時流に乗らんとするあまりに、自らのメリットが明確でないまま個別企業として「つながる工場」構想の立ち上げに協力し、参加するのは得策ではないと思われる。特に日本では、前述の「インダストリー4・0を日本へ適用する際の三つの障壁」の一番目と二番目の障壁が大きく、すべての企業のあらゆるデータをつなげることは難しいと考える。

他方、今まで日本企業もAI、IoTを積極的に活用しており、ドイツより進んでいるところも数多くある。ただ、社内であっても、すべてがつながっていなかったり、活用されていなかったりするケースが多かったのも事実である。今後、日本企業は、お互いウィンウィンの関係が成り立つ企業同士が確実につながり、それらを活用していくことが肝要である。その結果、お互いメリットのあるデータが共有化され、競争力を高められれば、十分、ドイツに対抗できると考える。あくまでも、日本全体を「つながる工場」にするのではなく、メリットのある企業同士が連携し、「つながる工場」を作っていくという趣旨である。

ただし、その際、以下の三点に留意する必要がある。

第一点は、「ドイツが進める国際標準化への対応」である。前述のとおり、ドイツは積極的にIECやISOなどの国際機関を活用しながら、自国に有利な国際標準を設定しようとしている。一方、日本企業は、それぞれ利害得失が一致しないため、日本案としてドイツの対案を提案することは難しそうである。したがって、日本としては、ドイツ案を注意深く検討し、少なくとも日本企業に損にならないように誘導する必要がある。つまり用語の統一のほか、細部のプロトコルを規定しない大枠の国際標準にとどめるように、アメリカ等の参加国を味方につけて議論を進めるべきだ。

第二点は、「サイバーセキュリティ研究の推進」である。今後、何はさておきIoTは急激な速度で進展していく。それに伴い、サイバーセキュリティは必要欠くべからざる技術となるのは論を俟たない。ハッキングの技術は日進月歩で進んでおり、それに対抗するために、サイバーセキュリティの研究を積極的に進める必要がある。

第三点は、政府がやるべきでない産業政策である。それはプラットフォームの集約化だ。**図20**の群雄割拠する「①開発・生産工程管理」と「②サプライチェーン管理」のプラットフォームがそれにあたる。過去、政府が主導してプラットフォームの集約化を企図した産業政策を数多く行ってきたが、十分な成果があげられなかった。(注4) 今回も同様な結果となる可能性が高い。ただし、異なるプラットフォームでも、そのなかで効率を高めることができるし、その企業にしかできない特殊な技術があれば、十分競争力を高めることができるはずだ。さらに、自然淘汰による企業の集約化が進むことも予想される。仮にプラットフォーム同士で、ウィンウィンの関係となるのなら、その時点で集約化を行えば足りるのではないかと考える。

日本企業は、以上のことを頭に入れ、従来から行っているAI、IoT化を着実に進めれば、ドイツのインダストリー4・0は全く脅威ではない。

勝負はついたか、電気自動車

二年ほど前、テスラのイーロン・マスク氏は、燃料電池車（FCV：Fuel Cell Vehicle）を「極めてばかげている（extremely silly）」と批判し、「フューエルセル（燃料電池）」をもじって「フール（愚かな）・セル」ではないかといった。その当時は、燃料電池車と電気自動車のどちらが次世代自動車になるか明確でなかったが、最近、いくつかの国や企業で次世代自動車のあるべき姿に関してのステートメントが出され、世間を賑わせている。

その一つが、フランスである。マクロン政権は、二〇四〇年までに、走行時に二酸化炭素を排出するガソリンエンジン車、ディーゼル車などの販売を禁止し、電気自動車の普及を加速すると発表している。イギリスも、同様な動きをみせている。具体的には、二〇四〇年までに国内でのガソリンエンジン車、ディーゼル車の販売を禁止する方針を発表した。

さらに、中国もガソリンエンジン車やディーゼル車の製造販売を中止する検討を始めたとのことである。その第一歩として、二〇一九年から、自動車組立てメーカー各社の乗用車の年間製造・輸入台数の一定割合を新エネルギー車（NEV：New Energy Vehicle：電気自動車とプラグインハイブリット車（PHV）と燃料電池車）にするように義務づけることになった。

特に最近の次世代自動車の動きをみると、マーケットニーズに適合した製品が市場を席巻する「ディマンド・プル型」でもなく、新技術が注目され、その新技術を使った製品で市場を占有する「テクノロジー・プッシュ型」でもない。国（官）が方向性を示し、その方向に進んでいく「目標設定型」のように思える。この「目標設定型」は、単に高邁な目標を設定して、企業をその方向に導くという意味もあるが、(注5)それ以上に、それぞれの国の次世代産業の育成にも密接に絡んでいるようにみえる。例えば、中国は「目標設定型」を活用して、今までのガソリンエンジン車の競争関係をチャラにして、自国の電気自動車の国際競争力を高めようという意図が透けてみえる。(注6)

個別企業では、スウェーデンのボルボ・カーが、二〇一九年以降に発表する全車種を電気自動車やハイブリッド車などの電動車とし、ガソリンエンジン単独車の販売は順次打ち切ると発表した。また、フォルクスワーゲンは、二〇二五年までに電気自動車を五十車種投入すると発表している。

日本勢は若干遅れているが、ホンダは、二〇三〇年に三分の二をハイブリッド車を含む電動車に置き換える構想を描いている。トヨタは、二〇五〇年を目処にガソリンエンジン車をほぼゼロにする目標を立てている。今まで次世代自動車として燃料電池車に力を入れてきたが、二〇一六年一二月に「EV事業企画室」を立ち上げ、電気自動車の量産に向けて動き始めている。さらに二〇一七年八月、マツダと資本連携し、共同でアメリカに新工場を建設するとともに、電気自動車の共同開発も行うことを発表している。(注7)

ただ、トヨタにとって、このマツダとの連携はトランプ政権対策としては意味があるものの、電気自動車に関する共同研究はほぼ意味のない連携と言わざるをえない。なぜならトヨタは蓄電池などの関連技術はあるものの、電気自動車では後発であり、マツダはガソリンエンジンの燃費向上では一日の長があるが事業規模が小さいため、今まで電気自動車に十分な研究開発資金を投じてこなかったからだ。

しかしながら現在の電気自動車がクリーンかというと必ずしもそうではない。以前、坂本龍一氏が、電気自動車のCMで「自分がCO_2をどのくらい出して走っていたか気になったんですけど、完全にゼロですよね」といって物議をかもしたが、これは走行中だけの話にもかかわらず、あたかもライフサイクル全体で二酸化炭素が発生しないという誤解を与えたのが原因であった。電気自動車の電気がどこから来ているかを考えれば明らかであろう。現在、日本の電力の多くは火力発電から得ており、発電の際に多くの二酸化炭素を排出している。したがって、現在の電気自動車は、ライフサイクル全体で考えればクリーンな車とは言えない。確かに、将来すべての電気を再生可能エネルギーでまかなえるのであれば、電気自動車はクリーンな車ということができよう。また、フランスのように電力構成で二酸化炭素を排出しない原子力発電の比率が大きい国は、ライフサイクル全体で見ても、電気自動車が日本のそれより二酸化炭素を排出しないことになる。いずれにしても、燃料電池車と同様、電気自動車も開発途上であり、その時点でクリーンかどうかは、それぞれの国においてライフサイクル全体で見る必要がある。

次に、電気自動車の課題について考えてみよう。それは、何といっても「価格」「走行距離」「インフラ」の三つに集約される。

例えば、大容量の電池を搭載するテスラの「モデルS」の航続距離は五〇〇㎞程度だが、一〇〇〇万円以上もする。また、テスラが二〇一七年七月に納車を始めた量産車「モデル3」は三八五万円とリーズナブルな価格であるが、航続距離は三五四～四九八㎞である。一方、日産の初代「リーフ」は車両本体価格が三〇〇万円前後と手ごろだが、航続距離は二二八㎞と短かった。しかし、二〇一七年一〇月に発売した新型「リーフ」は三一五万円程度で、航続距離が四〇〇㎞に伸びている。

総じて見ると、現行の電気自動車の充電一回あたりの航続距離は、テスラの「モデルS」「モデル3」を除くと二〇〇～四〇〇㎞ほどであり、多少ものたりない。ただ、イノベーションの推進で、今後、畜電池は性能も上がるだろうし、量産化すれば価格は下がることが想定される。「価格」と「走行距離」は、近い将来リーズナブルな方向に向かっていくだろう。

他方、「インフラ」は「充電インフラ」と「電力供給インフラ」に分けられるが、まず「充電インフラ」はどうであろうか。二〇一四年五月、トヨタ、日産、三菱自動車、ホンダの四社は、電気自動車の普及に向け、「充電インフラ」を整備する新会社「日本充電サービス」を共同で設立した。充電器の設置費用の一部を負担するほか、課金や決済サービスも提供し、協調してインフラ整備を行っている。いずれにしても、電気自動車の「充電インフラ」については、燃料電池車の水素ステーション（約五億円）やガソリンスタンド（約三億円）と比較して、低価格で済むため大きな問題とならないであろう。[注8] 一方の「電力供給インフラ」について考えてみると、電気自動車の電気は電力会社の発電所由来のものが多いため、最近の急激な電気自動車へのシフトは、短期的には問題ないが、中期的に電力の供給不足を生じさせる可能性がある。

以上のことから、中期的な電力供給不足に留意し、今後もライフサイクル全体で見る必要があるものの、現在のところ、次世代自動車の最右翼は電気自動車と言ってもいいだろう。

そのようななか、日本の企業の競争力のある分野は、「走行距離」を伸ばす、電気自動車に必要不可欠な蓄電池の「技術」である。現在、電気自動車の蓄電池の主流は、同じ質量で多くの電気を蓄えることができるリチウムイオン電池である。

二〇一六年の世界の「主要商品サービスシェア調査」によると（日経産業新聞、二〇一七年六月二六日）、リチウムイオン電池の世界シェア一位は、パナソニックの二一・八％で、次いでサムスンSDIの二〇・八％、LG化学の一四・〇％であった。今後については、パナソニックが二〇一七年六月からテスラと共同で創設したメガファクトリーでテスラの「モデル3」向けの電池の生産を開始しており、当面、この趨勢は変わらないと思われる。

なお、リチウムイオン電池は、正極材としてコバルト酸リチウム、負極材として炭素が使われることが多く、正極材と負極材の間にセパレーター（絶縁体）をはさみ、全体を電解液で満たしているという構造となっている。この正極材、負極材、セパレーター、電解液という各分野で、次のような日本企業が高いシェアを握っている。

・正極材：住友金属鉱山、戸田工業
・負極材：日立化成、昭和電工
・電解液：三菱ケミカル、宇部興産
・セパレーター：旭化成、東レ

当面、車載用の蓄電池の主流であるリチウムイオン電池本体及び材料では、このような日本企業の優位性は揺るぎがないと思われるが、未来永劫とはいえない。特に、圧倒的な強みを見せてきた材料分野においても、スマートフォンやパソコンなどの低価格な民生用リチウムイオン電池の材料で量産体制に入った中国企業が、高性能が求められる車載用にシフトする気配があり、現在でも中国製の電気自動車に搭載されるリチウムイオン電池の多くは中国製であるからだ。さらに、前述のとおり、電気自動車は走行距離が短いのがネックであり、それはリチウムイオン電池の改良のみでは達成できない。新たな蓄電池の開発が必要不可欠になりつつあるのである。

ただし、その分野でも日本企業が優位性を示している。次世代蓄電池の有望株の一つである「全個体電池」の分野において、トヨタがリチウムイオン電池の三倍超の出力を出し、わずか数分でフル充電を可能にしたという記事が米紙に掲載された（ウォールストリートジャーナル、二〇一七年七月二五日）。この記事の真偽のほどはまだわからないが、トヨタを始め、日立造船、三井金属などの日本企業が次世代蓄電池の研究を進めており、その成果は相当程度期待できるのではないかと思われる。(注9) ちなみに、「全個体電池」は、その名のとおり個体であるため、液漏れがなくセパレーターが不要のため、安全性が高く、エネルギー密度も高いと言われている。

揺らぐ組立メーカーの地位

今まで、クルマは単体でガソリンエンジンを動力として、ヒトが運転をするものであったが、その概念が大幅に変わりつつある。つまり、単体ではなく、電子的に「つながる」、いわゆる「コネクテッドカー」に向かいつつある。「コネクテッドカー」とは、通信を介してインターネットなどに接続する機器を備えたクルマで、通信機器を搭載した常時接続

図 23　自動車メーカーの変容

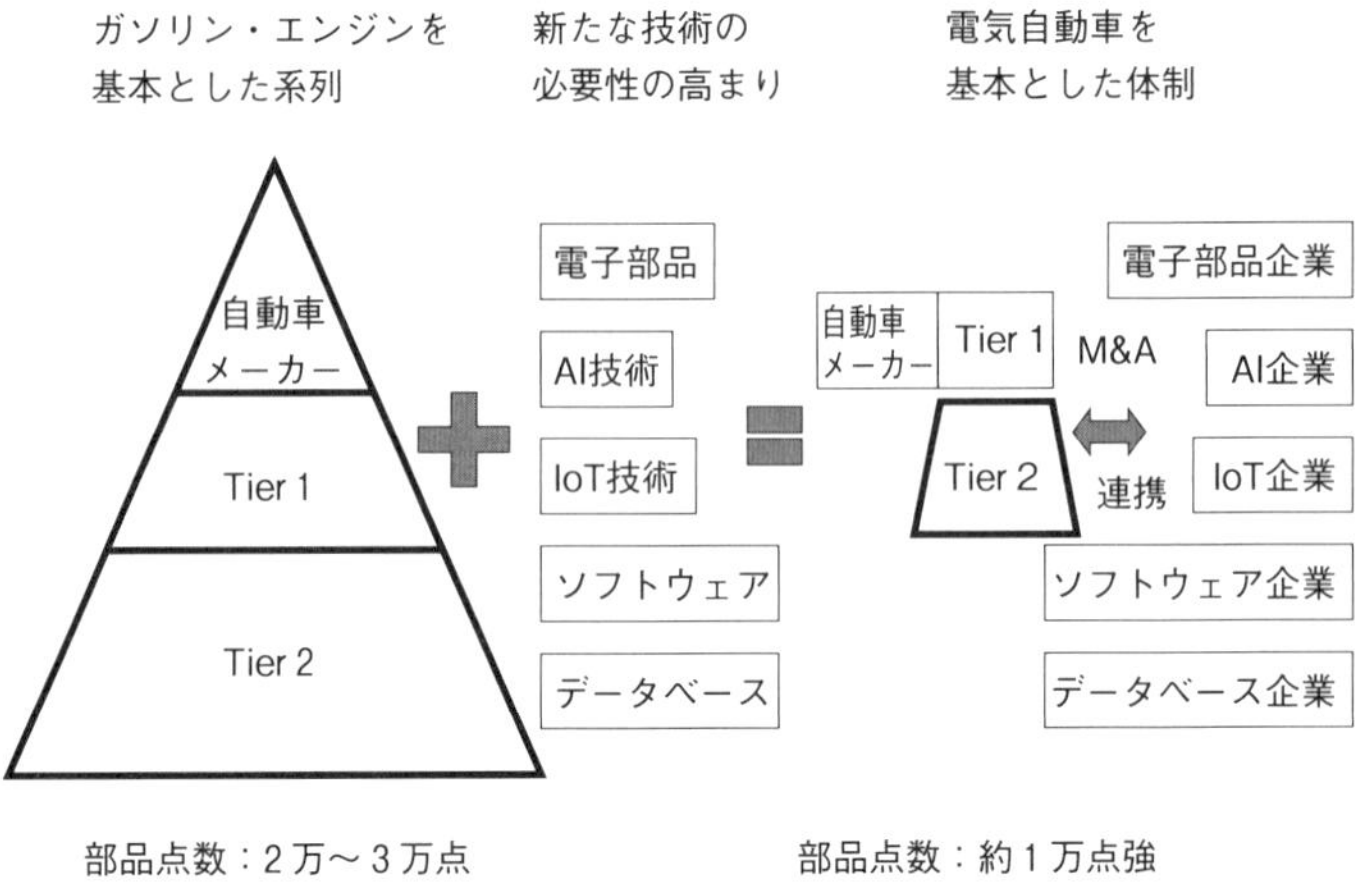

型と、携帯電話などを使ってインターネットに接続するモバイル接続型がある。例えば、常時接続型では盗難車両を検知するほか、異常を検知したり故障を未然に防止したりする機能などが想定できる。また、モバイル連携型では、スマートフォンと連携して、例えばドアロック解除などが行える。この分野は、今後、消費者のニーズに合わせて様々な提案があると思われる。例えば、自動運転中の空き時間を有効に使うようなサービスにも広がりを持つだろう。

そのようななか、今後を見据えて、二〇一七年八月、トヨタ、インテル、エリクソン、デンソー、NTTなどが参加して、オートモーティブ・エッジ・コンピューティング・コンソーシアムを創設すると発表している。これは、各社の技術を持ち寄り、「コネクテッドカー」の実現に向けて共同で研究することを想定したものだ。

今まで指摘したとおり、電気自動車は「コネクテッドカー」としての親和性も高く、かつ、電池とモーターを動力とする低公害車として、最近、高い評価を受けており、次世代自動車の有力候補となっている。

将来の自動車が、ガソリンエンジン車から電気自動車に主役の座が入れ替わることになると、自動車製造業に与える影響は甚大だ。

ガソリンエンジン車は、部品点数が二万から三万点ほどあり、そのなかで、エンジン部分の部品点数も一万点余りあると言われている。このように部品点数が多いこともあり、自動車組立メーカーを頂点とする、Tier1、Tier2など、大規模な裾野産業を総動員してクルマは生産されてきた。

確かに、今日、従来より、系列取引が少なくなり、Tier1のなかには複数の自動車組立メーカーと取引をしたり、クルマ以外の部品を作ったり、多様化が進んでいるが、依然として緩やかな系列は存在し、それら企業はクルマの部品を生産することによって生計を立てている。

一方、電気自動車は部品点数が一万点で作られるといわれている。また、究極のモジュール化製品なので、部品、あるいはモジュールさえ手に入れれば、だれでも作ることができると言っても過言ではない。従来のガソリンエンジン車の系列は過去のものとなってしまうだろう。

電気自動車の時代になると組立メーカーがTier1のメーカーよりも優位性があるとはいえず、ほぼ同格とみなされる。ドイツでは、ガソリンエンジンの時代から、メルセデスベンツやフォルクスワーゲン等の組立メーカーと、ボッシュやコンチネンタルなどのTier1とは、ほぼ対等の関係にあった。ただ、メルセデスベンツやフォルクスワーゲンは世界で通用するブランドを持っていたので、組立メーカーが比較的優位性を保ってきたが、電気自動車による自動運転の時代となり、加えてシェアリングエコノミーの時代となれば、ブランドも意味をなさなくなる。それらの上下関係も徐々になくなってくると思われる。

日本は、現在に至っても組立メーカーの優位性が保たれているが、これも徐々に失われる蓋然性が高い。また、モジュール化の進展によって国内のTier1を活用する必要がなくなり、ドイツのTier1と連携するということも起こりうる。最近、トヨタがカローラの衝突回避システムをドイツのコンチネンタルから調達して、日本の系列企業に少なからず衝撃を与えたのは記憶に新しい。

一方、従来の日本のTier1の企業が、将来のTier1の企業になるかどうかもわからないという側面もある。というのは、従来のガソリンエンジンなどの部品を作っているTier1、Tier2のメンバーのなかには、電気自動車で使わない部品を作っている企業も少なくない。例えば、電気自動車となると、エンジンやエンジン周りのラジエータや燃料タンクがなくなり、モーターやインバーター等を使うようになる。それ以外にも駆動系のトランスミッションやクラッチやトルクコンバーターなどもほとんど必要なくなってしまう。つまり、電気自動車が主流となると、部品点数が少なくなるばかりか、既存のTier1やTier2の企業のなかには、今まで作っていた部品が活用されなくなり、電気自動車に関与できなくなる企業も少なからず出てきてしまう。

電気自動車で枢要部分の部品を供給できたとしても安心できない。電気白動車は単純な構造のため、部品の代替も容易だし、コモディティ化されやすい。となるといくら枢要部分の部品であっても買いたたかれる可能性が大きい。

数年前、日本の電機メーカーはコモディティ化の流れのなかで、アップルやサムスン電子に敗れてしまったのも記憶に新しい。高い独自技術を持っていたのにもかかわらず、水平分業の流れに乗れなかったのが敗因の一つであった。当時の電機メーカーの二の舞にならないようにするにはどうすればいいか、それは日本の自動車組立メーカーのみならず、Tier1等の企業にとっても大きな課題となる。

生き残りをかけた各社の試み

前に指摘したが、ドイツの自動車組立メーカーは、ボッシュやコンチネンタルの協力がないとクルマが作れない構造になっており、どちらが強いかというよりも、共存関係となっている。この共存関係の均衡点を変える契機となるのが、インダストリー4・0である。インダストリー4・0では、ボッシュがSAPのようなソフトウェアメーカーと組み、スマート工場で主導権を握るべく、プロジェクトを推し進めている。データ収集力、部品調達力等を含めた全体統括力の面で優位性を保ち、自動車組立メーカーより優位に立つ可能性もある。

このようななか、日本のTier1のデンソーは、第1章で指摘した異業種連携を通じ新たな技術を蓄積し、次の戦いに備えている。例えば、先日発売されたダイハツ工業の「ミライーズ」にはデンソーが開発した軽自動車向け世界最小のステレオ画像センサーが搭載されているが、これは安全な自動運転のための「目」の機能として不可欠なものである。その他の企業も徐々にではあるが、電気自動車、自動運転車に対応する試みがはじまっている。

一方、自動車組立メーカーのトヨタは、今後、自らが主導権を持ち続けられるように、いくつかの布石を打っている。その一つとして、自動運転への対応で従来の戦略を大幅に変えてきたことが挙げられる。従来、トヨタは次世代自動車を燃料電池車と位置づけ、電気自動車を比較的軽視してきた。しかし、自動運転が電気自動車と親和性が高いため、最近、電気自動車も重視する方向に変わりつつある。さらに「コネクテッドカー」、自動運転車へクルマが進化してきており、トヨタをはじめとした自動車組立メーカーが持っていないＡＩやＩｏＴなどの技術が必要不可欠になっている。このような技術を、買収や企業連携を活用して、外部から獲得しようとしているようだ。例えば、シリコンバレーのトヨタ・リサーチ・インスティテュート（ＴＲＩ）は、研究以外に、外部組織との連携を行い、必要に応じて資金を提供するような機能を持っている。

さらにトヨタは、二〇一六年一二月、「トヨタネクスト」というプログラムを発表している。これは、クルマの位置や走行距離といった情報を活用し、クルマの安全・安心や利用促進に役立つ革新技術をテーマに、外部からアイディアを募集するプログラムである。トヨタが外部から自分の持っていない新たな技術を得ようとしている証左でもある。

他方「コネクテッドカー」を見据え、自動車組立メーカー、Tier1等の系列企業以外の電機・IT企業も、精力的に自動車産業に参入を試みている。具体的には、クルマから収集したデータを活用して、車両の状況分析を行い、必要に応じてメンテナンス提案をしたり、ドライバーの運転特性を分析し、適切な自動車保険の提案をしたり、さらに確度の高い渋滞情報の提供をしたりするなど、新しいサービス産業の萌芽が見られる。それらデータを、すでに実用化している自動ブレーキシステムなど、高度化を続ける安全運転技術と組み合わせることによって、安全運転のレベルを高めることも考えている。このような技術蓄積は、コネクテッドカーとしての性能を高めることになるし、ひいては、将来の「自動運転」の基礎実験につながるものとなるだろう。

コラム

インダストリー4・0の波及と連携

ドイツの産学が、インダストリー4・0を提唱して以来、様々な国が対象とするスコープや内容は違うものの、それに類する製造IoTに関するプランを提唱したり、団体を組織するような動きを示している。

例えば、米国では、いくつかの民間団体が立ち上がった。なかでもインダストリアル・インターネット・コンソーシアム（IIC）が最も有名だが、このIICは、AT&T、シスコ、GE、IBM、インテルの五社により二〇一四年三月に設立された。この目的は、産業市場におけるIoT（インダストリアルIoT）を実現するため、その様々な課題を、業種を超えた企業や組織が協力しながら解決を目指すことにある。これまでに、製造業のみならず、ヘルスケア、エネルギー、交通インフラ、公共部門等の幅広い分野のユースケースを示している。

日本では、民間主体のインダストリアル・バリューチェーン・イニシアティブ（IVI）と、産学官が協力して設立した、ロボット革命イニシアティブ協議会（RRI）とIoT推進コンソーシアム（ITAC）などがある。

IVIは、日本機械学会の研究会から派生し、学と民間主導で創設されたフォーラムである。当フォーラムは、自身を「ものづくりとITが融合した新しい社会をデザインし、あるべき方向に向かわせるための活動において、それぞれの企業のそれぞれの現場が、それぞれの立場で、等しくイニシアティブを取るフォーラム」と位置付けている。現場中心のボトムアップで運営されており、他企業と共有すべき協調領域についてはユースケースの共有化を行うなど、緩やかな連携体として活動を進めている。

RRIは、ロボット革命を実現するため、二〇一五年五月に設立され、そのなかにIoTによる製造ビジネス変革WGを設置している。なお、ドイツのプラットフォーム・インダストリー4・0のアクション・グループに対応する組織を作り、インダストリー4・0との連携を念頭に置いた組織構成となっている。

さらに、ITACは、第四次産業革命に対応すべく、二〇一五年一〇月に、企業・業種の枠を超えた産学官の組織として設立され、IoT関連技術の開発・実証や新たなビジネスモデルの創出等に取り組んでいる。

なお、RRIとITACは、両者とも産学官の連携組織であるが、RRIは製造業を対象とし、国際標準やサイバーセキュリティ対策、中小企業支援、ユースケースの収集等を目的としているのに対し、ITACは、製造業のみならず、モビリティ、医療・健康、エネルギー、農業、フィンテック、観光等、対象が幅広く、企業間マッチング、規制改革の支援等を行っている。なお、二つの組織は、経済産業省がスーパーバイズしており、IVIとは緩やかに連携している。

最後に、本家本元のインダストリー4・0は、設立当初、民間三団体を事務局として、ドイツ工学アカデミーと一体となって産学連携フォーラムを実施してきたが、その後、政府主導に体制を改めた。雇用問題も想定されるため、労働組合も加わり、その六団体が中心となってプラットフォーム・インダストリー4・0（事務局）が組織された。ここで特記すべきことは、本論でも触れたが労働組合の参加である。

当初、労働組合は、雇用を減らす可能性が高いと考え、インダストリー4・0には反対であった。しかし、製造工程で雇用を減らす恐れはある一方で新産業で雇用を増やす可能性もあるため、労働組合自身が事務局に入りインダストリー4・0をより良い方向に導く方が得策であると考えて参加を決意したようだ。

以上のような日米欧のIoT分野の主要なアクターは、別々に行動するのではなく協力関係を構築している。

例えば、二〇一六年三月に、プラットフォーム・インダストリー4・0とIICの間で、標準化の推進とテストベッドの相互アクセスなどについて合意している。

また、同年四月に、経済産業省と独経済エネルギー省の次官級で、国際標準化、産業サイバーセキュリティ等を具体的な協力分野として共同声明を発表し、同時に民間のプラットフォーム間で協力を推進すべく、プラットフォーム・インダストリー4・0とロボット革命イニシアティブ協議会（RRI）との間で、産業サイバーセキュリティ、国際標準化などで連携を強化するという共同声明も発表している。

さらに、二〇一六年一〇月、ITACとIICの間で、グッドプラクティスの発掘・共有とテストベッドに関する協力等で連携している。IVIも、二〇一七年四月、IICとユースケースの共有、共通テストベッドの実施に向けた協業等、インダストリアルIoT

の推進の連携が記載された合意文書に調印している。

このように主体は微妙に違うが、日米欧三局の協力関係が進みつつあり、国際標準化も、今後、この三局が中心となって進められると思われる。

第 4 章

シェアリングエコノミー

——破壊的イノベーション

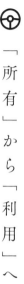

「所有」から「利用」へ

自動車産業に限ったことではないが、IoTが従来のビジネスモデルを大きく変えつつある。今まで供給者の論理が支配してきた市場にIoTが導入され、需要者中心で情報の透明性や利便性を高めたビジネスモデルが構築され始めている。Airbnbなどは最たる例だろう。

Airbnb（エア・ビー・アンド・ビー）は、いわゆる「民泊」のあっせん会社（プラットフォーマー）であり、以前は、エア・ベッド・アンド・ブレックファースト・ドット・コム(注1)（Airbedandbreakfast.com）と名乗っていた。その業務内容は、インターネットを活用して、空き部屋を貸したい人（ホスト）と部屋を借りたい人（ゲスト）をつなぐサービスの提供であり、収入はマッチングの手数料から得ている。予約はインターネットのみで行っているほか、ホテルのようなフロントがなく、鍵の受け渡しを郵便ポスト等を活用して行うため、ホテルよりコストがかからず、安く宿泊できるのがウリである。また、ゲストがチェックアウトした後、互いに評価し、レーティングとして公表している。つまり、ゲストはホストのレーティングを見て宿泊場所を決めることもできるし、ホストもゲストの過去に宿泊したレーティングをチェックできるようになっている。

このAirbnbは、IoTの発達によって、よりマッチングが容易になったことと、レーティングシステムにより、セキュリティがある程度、担保できるようになったことなどから、従来のホテルに代替する手段としてビジネスモデルが確立しつつある。

これが、いわゆる、シェアリングエコノミーの一例だ。

シェアリングエコノミーは、空き部屋や空き家などの目に見えるものから料理やスキルなど目に見えないものまで、個人が保有している遊休資産を交換・共有することにより成立する経済のことである。(注2)

拡大するシェアリングエコノミー

シェアリングエコノミー(注3)の着想は、モノを「所有」から「利用」に切り替えるアイディアから端を発している。この流れを加速化したのがIoTだ。つまり、IoTにより、知り合い、知り合いでない、近くにいる、近くにいない、にかかわらず、幅広くインターネット上のプラットフォームを介して個人間で売買・交換することが可能になったのだ。それを契機に、異業種からも様々な企業が参入し、産業活動に大きな変革をもたらしている。

図24に示したように、シェアリングエコノミーは、大きく五つに分類できる。

まず、①「空間のシェア」である。Airbnbなどの「民泊」をあっせんする会社は、このカテゴリーに入る。また、最近、日本では、都心部の少ない駐車場を有効活用したビジネスも誕生している。例えば、DeNAなどが出資しているベンチャー企業、akippa（アキッパ）は空き駐車場を仲介するビジネスを行っている。具体的には、個人や企業が提供できる貸出日や貸出時間を含めた駐車場情報をアキッパに登録すると、それを利用者がスマートフォン等で検索して予約し、その予約した日時に駐車場を使うというシステムである。また、三菱商事は、工場や倉庫のシェアリングサービスを始めている。

次に考えられるのは②「モノのシェア」である。ヤフオク！などのオークションもその一例である。衣服のレンタルビジネスも同様だ。ベンチャー企業のエアークローゼットは、好きな服やサイズを示すと、スタイリストが選んだ服を貸し出す事業を行っている。

さらに、借りた服のなかで気に入ったものは購入できたり、そこで得られた利益を服飾

図24　シェアリングエコノミーの全体像

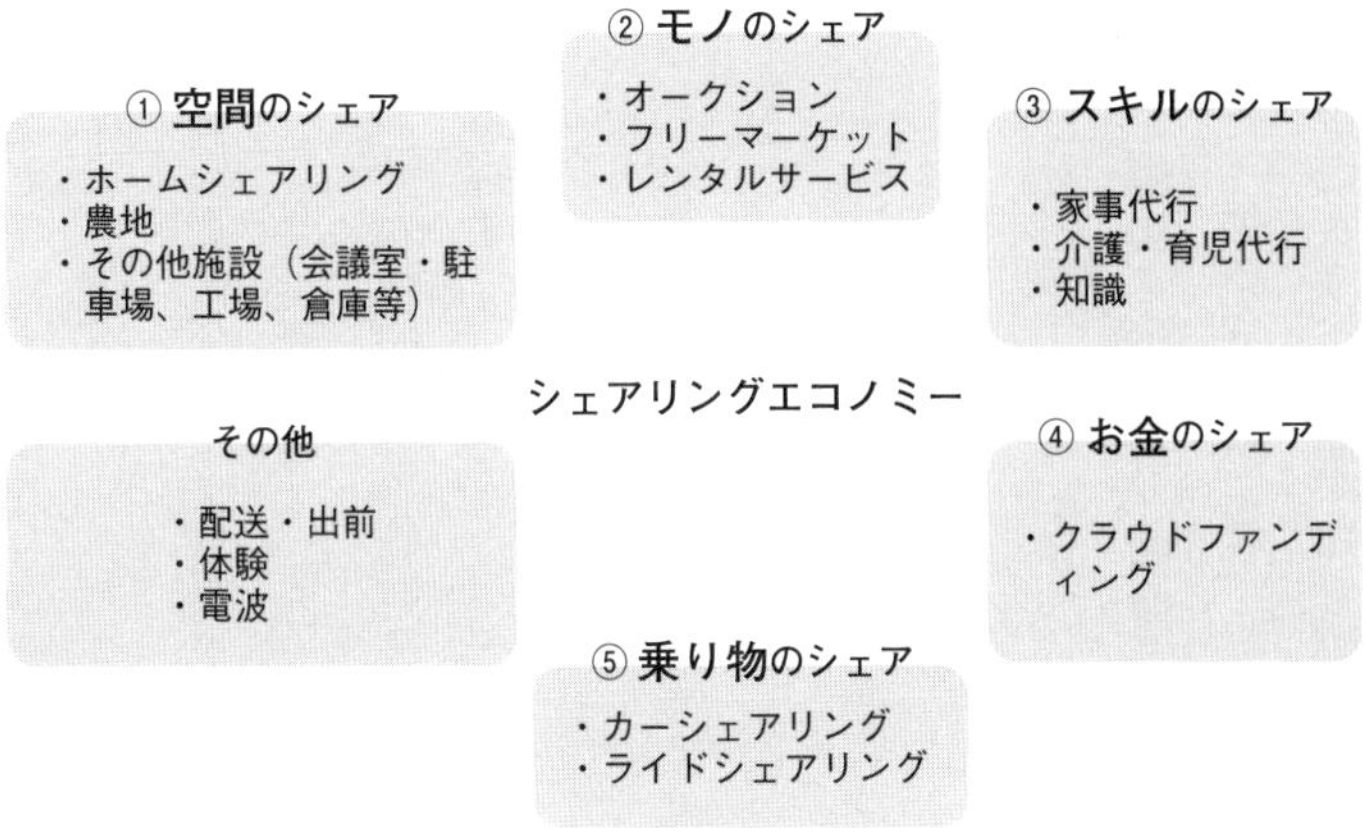

（出典）新経済連盟シェアリングエコノミー推進TF[2015]、シェアリングエコノミー協会[2016]を基に作成

メーカーに還元する仕組みを作ったことにより、協力企業が増え、レンタル商品の種類が豊富になって利用者に対する魅力が増している。

さらに③「スキルのシェア」もある。これは、従来から行っている家事代行や介護・育児代行に加え、それらの仲介業があてはまる。例えば、タスカジは、単なる従来型の家事代行ではなく、独立したハウスキーパーたちと依頼主との仲介を行っている。また、少し異質であるが、ファミリーマートは、アルバイトが自らが働いている店舗だけでなく別の店舗でも働けるようにし、アルバイトの勤務可能な場所・時間と、店舗がアルバイトを必要としている時間をマッチングするようなシステムを作り、労働力のシェアリング実験を始めている。

東日本大震災を契機にクラウドファンディングが注目されるようになったが、これは④「お金のシェア」である。クラウドファンディングは、群衆（crowd）と資金調達（funding）を組み合わせた造語で、不特定多数の人にインターネット経由で資金の提供や協力を要請することを指す。

そして、⑤「乗り物のシェア」として、カーシェアリングやライドシェアリングが挙げられる。これについては、後で詳しく述べてゆく。

このようなシェアリングエコノミーが、昨今、爆発的に拡大した理由は大きく二つある。その一つは、スマートフォンの普及である。位置情報や決済システムが備えられており、いつでもどこでもアクセスできるからである。

もう一つは、レーティングシステムの充実だ。価格コム、アマゾン、ヤフオク！のレビュー等、幅広く供給者と需要者のレビューが活用されるようになり、その信頼度が上がってきた。供給者と需要者、実際の経験者双方の評価を公表し、見ず知らずの人を車に乗せる、宿泊させる、見ず知らずの人の車に乗る、宿泊する、という不安を解消させる一助となっている。

シェアリングエコノミーが経済に与える影響

PwCの試算によると、シェアリングエコノミーの市場規模は、二〇一三年に約一五〇億ドルだったものが二〇二五年には約三三五〇億ドルに成長する見込みである。市場が一二年間で二〇倍以上に拡大するというのは、確かに相当なものだ。

ただし、一方で負の側面もある。例えば、シェアリングエコノミーにより、今までそれぞれが所有していたものが相互に融通されることになるため、その相互融通部分は当然のことながらGDPに寄与しない。つまり、シェアリングによってモノの生産が従来よりも減少する可能性が高くなる。また、既存の業界、特に関連分野のサービス業にマイナスの影響を与えることになる。

他方、**図25**のようにシェアリングエコノミー自体が新たなサービス業を構築し、GDPに大きく貢献する。また、シェアリングによって生じた余剰資本が成長産業に投資されれば、中長期的にGDP向上に寄与することも考えられる。さらに、働き方改革や収入源の

図25　シェアリングエコノミーの市場規模

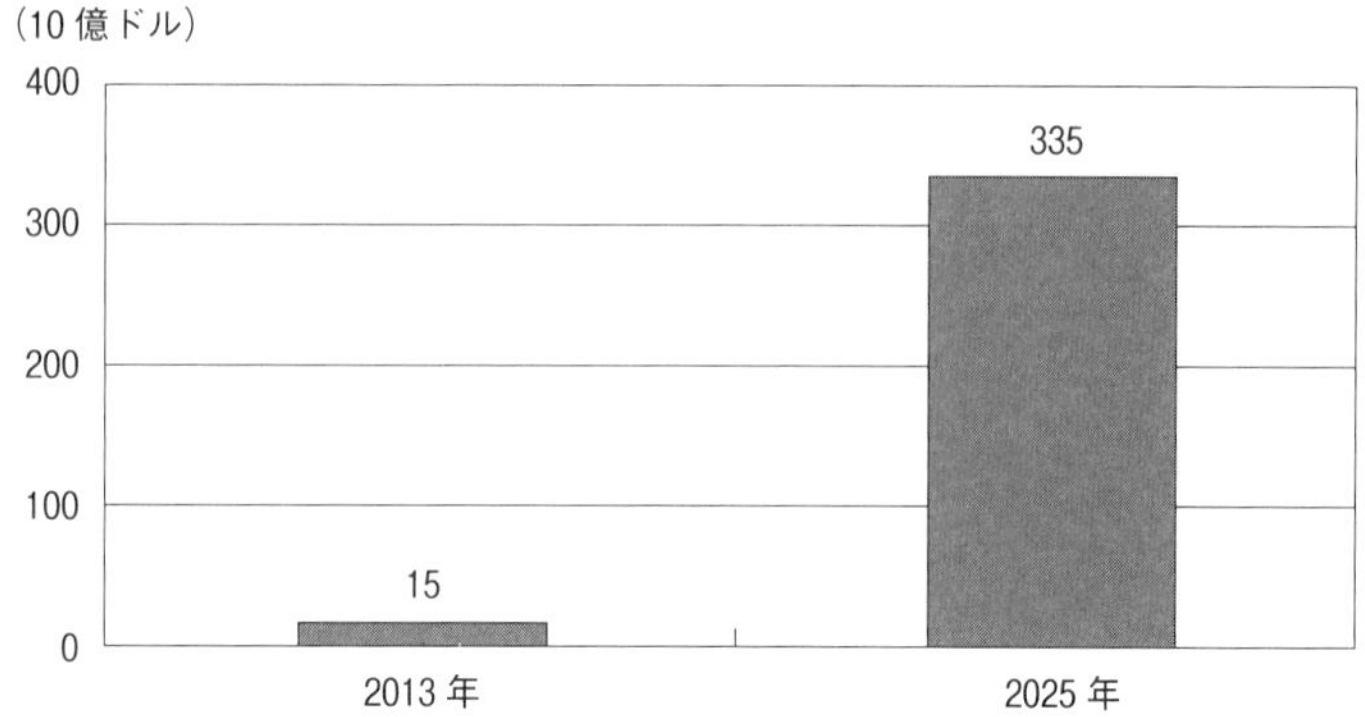

（注）金融、人材、宿泊施設、自動車、音楽・ビデオ配信の5分野におけるシェアリングを対象。
（出典）PwC [2014]

多様化、誰もが参入可能なビジネスの創成など、国民の幸福感や利便性、豊かさの充実といった必ずしもＧＤＰでは計測できない価値創造につながる可能性もある。

ここからは、シェアリングエコノミーの一形態であるカーシェアリングとライドシェアリングが社会に与える影響をみていこう。

カーシェアリングの変容

カーシェアリングは、あらかじめ利用者として登録した会員に対して自動車を貸し出すサービスである。これは今に始まったことではなく、日本では一九八〇年代から普及し始めた。自動車を借りるという観点から見ればレンタカーに近いサービスであるが、レンタカーは不特定多数が半日や一日単位以上の比較的長い時間利用することを想定している。一方、カーシェアリングは、会員制、短時間利用を念頭に置いたサービスであり、短時間であれば、レンタカーよりも便利で安価であることを売りにしている。

主な企業は、タイムズカープラス（タイムズ24）、オリックスカーシェア（オリックス自動車）、careco（カーシェアリングジャパン）(注4)などである。

二〇一〇年代になり、インターネットを活用して簡単な手続きで自動車を借りられるようになり、カーシェアリングは飛躍的に普及している。特に、今までのカーシェアリングはBtoCが中心であったが、CtoC、つまり、自分が自家用車を使わない時間に他のユーザーに貸すサービスにも拡大している（なお、CtoCはピア・トゥ・ピア〔Peer to Peer：P2P：個人間〕と言うこともある）。

今まで、事業者がクルマを所有し、それをカーシェアリングとして貸与していたビジネスから、個人間のカーシェアリングを仲介するビジネスに変容しつつあるのだ。

このような個人間カーシェアリングの仲介企業として日本で有名な企業は、エニカ（Anyca）、カフォレ（CaFoRe）、グリーンポッド（Green Pod）などである。都心のビジネス

表 26　日本のカーシェアリングの変化

時期	形態	概要
1980 年代～	1：n (B to C)	ある事業者が複数の利用者にカーシェアリングを提供。
2010 年代～	n：n (C to C)	プラットフォームを通じて、自家用車を使わない時間に他の利用者に提供。

パーソンは平日、通勤に電車やバスを使っており、休日にしか使われないクルマがかなり存在している。仮に、そのクルマを利用したいユーザーとうまく橋渡しできれば、自家用車の稼働率もあがり、クルマの維持費の補てんになり、ウィンウィンの関係が成り立つことになる。

例えば、DeNAが立ち上げたエニカ（Anyca）は、会員が所有しているクルマを共同使用契約を結び、オーナー（車を所有している人）は、自分のクルマの空き状況と利用条件をエニカに知らせ、そのクルマを使いたい会員（ユーザー）はその情報を見て利用を申し込むという寸法だ。ユーザーは使用すると、エニカに「共同使用料」を支払い、エニカはその九〇%をオーナーに渡すというシステムになっている。

「Uber」の衝撃 ――ライドシェアリング

ライドシェアリングとは、自家用車の空き座席を利用して報酬を得たい個人（ドライバー）と、当該サービスを利用して移動したい個人（ユーザー）とを、プラットフォームによるマッチングを通じて結び付け、交通サービスを提供するサービスのことをいう。主な企業としては、海外企業ではウーバーテクノロジーズやリフトなど、日本企業ではのってこ！（Notteco）などがある。

ユーザーは、スマートフォン等を活用して、容易にかつ即時に配車（オンディマンド配車）を受けられるメリットがある。さらに、レーティングシステムにより、安全・安心の担保とサービス品質の透明化が確保されるというメリットもある。

また、一般的に需要と供給に応じた弾力的な料金設定がなされており、料金が低くなれば供給者が減り、料金が高くなれば供給者が増えるなど、市場メカニズムを活用したシステムになっている。

例えば、ライドシェアリング企業のなかには、中長距離ライドシェアリングのマッチングサービスに特化する企業もある。例えば、のってこ！（Notteco）は、自家用車で長距離移動するドライバーと、それに同乗したい希望者をマッチングする「無料」ウェブサイトを運営している。「なお、同社では、ドライバーに対して、商業目的、実費以上の謝礼の受け取りを利用規約により禁止するとともに、目的地までの最短距離におけるガソリン代及び高速道路料金を座席で割った額以上の利用料金をシステム上設定できないように制限している。(注5)」

さらに、ライドシェアリングは、過疎地域、特に路線バスなど公共交通機関の維持が難しくなっている交通空白地域に、公共交通機関に代わる移動手段を確保し、結果として地方創成にも寄与する可能性が高い。

例えば、二〇一六年五月から、京都府京丹後市で地元の民間非営利団体（NPO）が実施するライドシェアリングサービスにウーバーテクノロジーズが配車システムを提供している。これは、京丹後市が公共交通機関で十分な輸送サービスを確保できない地域であるため、NPOなどが主体で運営する場合に限り認められる公共交通空白地有償運送の制度を活用しているのである（二〇〇六年の道路交通法改正で創設された特例制度）。さらに、公共空白地の対策として、国土交通省は、二〇一七年から高齢化が進む中山間地域で自動運転を

表27　ライドシェアリングに出資する自動車大手企業

企業名	ライドシェアリング企業との関係
トヨタ	米ウーバーテクノロジーズ、米ゲットアラウンドに出資
ホンダ	グラブ（シンガポール）に出資
米ゼネラルモーターズ	米リフトに出資。米サイドカーを買収
米フォード・モーター	米チャリオットを買収
独フォルクスワーゲン	ゲット（イスラエル）に出資

使った社会実験を始めている。

ライドシェアリングは、このように公共交通空白地に有効な社会政策となりえるが、都市部ではバス・タクシー業界などの既存業界との競合が予想される。さらに、自動車組立メーカーにとっても、自動車の生産台数の減少につながる恐れがあるため、ライドシェアリングが既存市場の秩序を乱すと本心では考えている人も多いかもしれない。しかし、近い将来、自動運転車が一般化され、ライドシェアリングが普及してクルマの台数が減少することが想定されるため、この大きなうねりは防ぎようがないと諦め始めている企業もある。大手自動車組立メーカーのなかの、例えばトヨタは、ウーバーテクノロジーズに、フォルクスワーゲンはイスラエルのゲットに、ゼネラルモーターズはリフトに出資している。さらに、GMはサイドカーを買収している（**表27**）。

他方、ウーバーテクノロジーズは、ライドシェアリングビジネスだけでは飽き足らず、ライドシェアリングの仲介企業から自動運転車の業界に参入を試みている。地図事業者のオランダのトムトムと連携して地図情報をユーザーに提供できる体制を整えているほか、自動運転開発キットを開発するオットーを買収している。さらに、ボルボ・カーと連携して自動運転車の開発プロジェクトも立ち上げている。

以上のことを踏まえると、今後、ライドシェアリングやCtoC中心のカーシェアリングへの加速や自動運転車の普及により、クルマへの所有意識がなくなる可能性が高い。

そのようななか、シェアリングエコノミーは、供給者にとっては稼働率を平準化させることを可能とし、需要者にとっては安価でかつタイムリーに欲しいモノや機能を手に入れることが可能になるという効用がある。マクロ経済学的に見れば、クルマが売れなくなるが、それが資源の適正配分につながり、今まで過小であった新たなサービス消費などにまわり、結果として、経済厚生を高める蓋然性が高い。

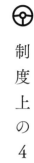

制度上の4つの問題

(一) 法律的な観点

ライドシェアリングは、主に道路運送法で規制されている。(注6) この法律では、他人の需要に応じ、有償で自動車を使用して旅客を運送する事業を「旅客自動車運送事業」といい、国土交通大臣の許可を受けなくてはならない。したがって、自家用自動車を用いて営利で旅客運送を行うライドシェアリングは、いわゆる「白タク」と呼ばれる違法行為となってしまう。

ただし、前節でも少し説明したが、二〇〇六年に道路運送法を改正し、国土交通省の出先機関や地域のバス・タクシー会社が入る地域公共交通会議あるいは運営協議会が認めた場合に限り、地域住民を有償で自家用車で運ぶ事業を認める公共交通空白地有償運送制度という特例制度を創設している。ただ、これまで認められた約五〇〇事業の大半は、地方自治体が過疎地などで小規模に運営するケースがほとんどだと言われている。(注7) それは、有償であっても利益を得られない仕組みとなっていること、競争相手の地域のバス・タクシー会社がメンバーの運営協議会の了承が必要であることなどにより、民間企業の参入はほとんどないのが実態だ。

また、二〇一六年六月、改正国家戦略特区法が成立し、道路運送法の特例として、国家戦略特区内で一定の自家用車の有償運送を可能とした。しかし、内容はライドシェアリングとは程遠く、依然として有償運送であるが利益を得られない仕組みとなっていたり、あくまでも地域限定で、公共交通であるバス・タクシーが極端に不足している地域における観光客等の利便性の確保という限定的な目的となっている。

さらに、規制改革推進会議は、二〇一七年五月、安倍首相に答申を提出したが、地域限定や目的限定なしのライドシェアリングは、国民の安全・安心の確保を大義名分とする業界の反発などにより、抜本策は先送りされている。

(2) 税の観点

シェアリングエコノミーでは税の公平性が問題となる。まず、消費税を考えてみよう。ライドシェアリングでは、ドライバーは消費税の免税事業者でよいのか、(注8)ウーバーテクノロジーズなどライドシェアリングをあっせんする会社は消費税の納税義務を負うべきなのか、などの論点がある。もちろん、競争相手のタクシー業者は消費税を支払っていることもあり、それらとの公平性を考えなければならない。

また、法人税に関しては、ライドシェアリングをあっせんする会社は、インターネット上でプラットフォームを提供する会社なので、国内に法人を作る必要はなく、課税のきっかけとなる子会社や支店を置かずに商売ができる。仮に日本で大きな利益を上げても、法人税を支払わずに済む。

さらに、所得税に関しては、ライドシェアリングのドライバーはサイドビジネスで行うことが多いため、ビジネスパーソンの場合、「雑所得」とみなされ二十万円以下の場合には確定申告の対象とならない。また、ライドシェアリングをあっせんする会社（プラットフォーマー）に源泉徴収義務を課すべきとの指摘もあるが、現在の制度だと前述のライドシェアリングのドライバーは、被雇用者（ビジネスパースン）ではなく個人事業主とみなされているため、それが難しい。

いずれにしても、類似のサービスを行っているタクシー会社等とイコールフッティングの競争環境を整える必要がある。また、当然、国際整合性も必要であるが、森信茂樹氏の指摘のように、(注9) イギリスですでに行っているプラットフォーマーに課税し、既存事業者とイコールフッティングの競争環境を構築するのも一案である。

(3) 独占禁止法上の観点

ウーバーテクノロジーズのドライバーは、同社の社員ではなく、独立したドライバーとして登録しているが、ドライバーの判断で乗車料金は決定できず、ウーバーテクノロジーズが提示する価格にのっとって顧客に請求するようなアルゴリズムを使っている。具体的には、より多くの収入を得るために、あえて安い料金で顧客に提示できないようなアルゴリズムとしている。これは価格カルテルの一種とも解釈でき、超過利潤を生み、反競争的ではないかとの指摘を受けている。現在、米連邦地裁に提訴され、控訴裁判所で審議されている。

これは、ウーバーテクノロジーズのアルゴリズム固有の問題であり、一般化すべき問題ではないと思われるが、ドライバーが個人事業主とみなされるので、ウーバーテクノロジーズのアルゴリズムは、個人事業主間の反競争的な協調を促す可能性があるということもできる。

(4) 労働問題の観点

(3) で指摘したとおり、ウーバーテクノロジーズのドライバーは同社の社員ではなく、独立したドライバーであるため、いわば個人事業主である。したがって、ウーバーテクノロジーズなどのシェアリングエコノミーのあっせん会社は、ドライバーと労使関係がないため、最低賃金などの労働法制に基づく権利を順守する必要がないことになる。その結果、不当に低価格でドライバーを活用しているのではないかとの批判もある。現に、アメリカでは、いくつかの訴訟が起きている。

ここで改めて、シェアリングエコノミーのあっせん会社のメリットを考えてみると、働き手を個人事業主としているため、需要に合わせて供給が可能となり、雇用調整などの手間も不要で最低限のコストで会社を運営できるメリットがある。他方、ドライバーは、副業として、わずかな時間でも働けるし、働いた分、確実に収入も増える。

いずれにしても、ウーバーテクノロジーズのドライバーの場合、多くは副業として隙間時間を活用して行うケースが多いと想定されるため、(注10) 確実にコストを上回る利益がなければ、その仕事自体をやらないと思われるし、シェアリングエコノミーのあっせん会社も、サステナブルにドライバーを確保するために、彼らが利潤を得てウィンウィンとなるような価格設定をすると想定される。したがって、一般的に、シェアリングエコノミーにとって、労働問題は大きな問題とならないと考える。

タクシー業界の覚醒

海外では、ウーバーテクノロジーズなどのライドシェアリングが人流市場に参入しているが、日本では、ここまで見てきたように、原則、道路運送法で禁止されているため、その活動が限定的になっている。筆者は、タクシー企業とライドシェアリング企業が中期的にイコールフッティングとなるような制度構築ができるのならば、ライドシェアリング企業の参入を許すべきという主張であるが、風当たりが強くなっている日本のタクシー業界のなかでも、ライドシェアリング企業のビジネスモデルを参考にしつつ、攻勢を強めている企業がある。日本交通である。

まず、スマートフォンで簡単にクルマを呼べるライドシェアリングのような利便性は、今までの日本のタクシーになかったのは事実である。日本交通の子会社のジャパンタクシーは、これを解消するため、いくつかのプラットフォームを作り、タクシーの利便性向上に努めている。その一つが配車プラットフォームである。つまり、スマートフォン向けアプリ「全国タクシー」を作り、日本交通のタクシーだけでなく他のタクシー会社も利用可能な配車サービスを行うプラットフォームを作るというものである。このプラットフォームを使ったタクシー会社は配車手数料を支払っており、これを原資としてジャパンタクシーの運営費に充てている。タクシーを呼びたい人が「全国タクシー」アプリで自分のいる場所を指定すると、最も近くにいるタクシーが配車されるようになり、ユーザーにとっても利便性が増すことになる。

また、決済プラットフォームも立ち上げている。ライドシェアリングは基本的にカード決済であるが、タクシーの場合はほとんどが現金支払いであるため現金の受け渡しに時間と手間がかかってしまう。決済プラットフォームは、アプリに登録したクレジットカードを活用してアプリ上で決済を可能にするため、「全国タクシー」と連携させることができれば、ユーザーの利便性もいっそう増すことになる。

さらに、今後、日本交通が考えているのは、相乗りと料金の事前設定である。

タクシーでの相乗りは、空港など一部の条件下で許可されているが、バスとの棲み分けの観点から、原則として、現在は禁止されている。実施するためには道路運送法の「一運行一契約」の原則を変えなければならないが、仮にそれを行うと、収益構造も変わり、タクシー利用の選択肢も増える。例えば、過疎地に一名だけのユーザーの使用だとタクシー会社の採算が合わないケースでも、二名、三名が相乗りすれば、料金の設定次第では、タクシー会社の収支も改善し、ユーザー、会社ともウィンウィンの関係が成り立つかもしれない。

また、料金の事前設定に関しては、実証実験が終了し、今後、結果を検証して実用化のための制度設計につなげる予定である。これが仮に実施されると、渋滞につかまりタクシー料金が上がってしまったとか、回り道されたといったユーザーの不満もなくなり、安心してタクシーを使うことができると思われる。

既存業界との戦い ——政府の役割、企業の役割

一般的に、一つのサービスを使い始めると、その使い慣れたサービスを別のサービスに乗り換えるのは敷居が高い。経済学の世界では、それをスイッチングコストが高いとい

う。例えば、特定のプラットフォーマーが高付加価値サービスを提供している場合、その他のプラットフォーマーを見向きもしないロックイン（囲い込み）が起きる。その結果、プラットフォーマーが高い利潤を得るようになってしまう。

しかし、現在のシェアリングエコノミーの世界では、Airbnbやウーバーテクノロジーズだけではなく、多くのプラットフォーマーが林立して低価格や使い勝手を競っており、現段階ではスイッチングコストはそれほど高くなく、ロックイン（囲い込み）の兆候は見られない。

(一) ライドシェアリングの今後

東南アジアでは、地下鉄などの公共交通機関が未整備だったり、タクシーにメーターがなく、料金が不透明なケースもあり、安価で透明性の高いライドシェアリングが勢力を伸ばしている。インドネシアでは、地場の配車アプリベンチャーの「ゴシック」が庶民の足として親しまれているバイクタクシーの分野に参入している。この「ゴシック」などの参入によって売り上げが激減した既存のタクシー業界がライドシェアリングに強く反発し、政府に圧力をかけ、最低運賃制や車両登録制などの規制を設けさせようという動きが出てきている。

日本でもシェアリングエコノミーを普及させるべく、制度設計を試みている人もいるが、このような新たなビジネスモデルが提案されても、導入や競争促進を拒む規制や国民の安全・安心の確保を大義名分として既存業界の既得権益を死守しようという動きがあるのも事実である。

ライドシェアリング企業とタクシー業界の対立構図を考えてみよう。日本ではタクシーの台数が多すぎると判断した地域では強制的に減車したり、新規参入を制限する規制がある。この規制は、確かにタクシー業界に対する規制であるが、同時に既存業界の共存共栄を図る保護政策ということもできる。このようななかで、ウーバーテクノロジーズのようなライドシェアリング企業の出現は既存の競争環境を激変しかねないインパクトを持っているため、タクシー業界は強く反発している。今後、ライドシェアリングを含めこの分野の競争環境を整備し、経済厚生を高めるような制度設計をしていかなければならない。それは、単に、ニューカマーのライドシェアリング業界に対する規制緩和のみを考えるだけではなく、タクシー業界の規制緩和も同時に進行し、この分野全体で新たな制度設計をしなければならないと考える。

さらに、タクシー事業には、流し営業型タクシー事業（利用者は、路上で通りかかった車両を呼び止めるか、乗り場で待機している車両のドライバーに運送を委託する）と、ハイヤー型タクシー事業（利用者は、あらかじめ電話等により事業者に対し運送の申し込みを行い、応諾した事業者が配車した車両に乗車する）の二つのタイプに分けられ、「海外では、この二つのタイプを明確に分けて規制することが多く、自家用車ライドシェアを認める場合も、二つのタイプのうちハイヤー型に近いものだけ認めるケースが多い」(注11)としている。このように、地域に限定した分け方ではなく、「対象」を限定して規制緩和する方法も一案である。

(2) シェアリングエコノミーの今後の方向性と政府の役割、企業の役割

まず注意しなければならないことは、政府は、法令が想定していないグレーの事象に対して、クロと断定しないことであろう。ケースバイケースで判断しなければならない事象をすべてクロと断定したのならば、リスクを取って挑戦する起業家が生まれないばかりか、新たなイノベーションの芽を摘むことになるからである。ウーバーテクノロジーズは各国の法律のグレーゾーンを突き、違法の可能性が高くても、かまわず既成事実を積み上げ事実を拡大してきており、その文脈から破壊的な企業文化と形容されることが少なくな

かった。その結果、現在の地位が確立できたわけだが、これもやりすぎると問題であろう。

いずれにしても、今後、規制は政府が作り、企業はそれを順守するという従来の図式に頼ると、新たな環境変化に対応することができなくなると考える。政府と企業が同じテーブルにつき、さらに、企業のなかには既存業界だけでなく新規参入企業も入り、中立的な学者等も加え、政府と企業の合作でガイドラインのような緩やかな制度構築を進めるべきと考える。その際、全国一律で同時期に行うことが困難ならば、特区的な対応で、適切な地域や適切な分野でテスト的に実施するのも一案である。さらに、ガイドラインに沿って適正に運用されているかどうかを第三者機関に認証させ、利用者にその認証の有無を業者選定の一つの判断基準としてもらうことも考えられる。

なお、シェアリングエコノミーに関する税制への対応については、一部企業が税を逃れ大儲けをしているという観点だけではなく、既存事業者とイコールフッティングの競争条件を整えるべきである。この税制への対応は、今後の課税制度のあり方にも大きく影響を与えるので、政府として明確な方針を打ち立て、早急に環境整備をする必要がある。

また、シェアリングエコノミーを評価するうえでは、経済厚生の観点だけではなく、セキュリティや安全の観点からも評価しなければならない。つまり、効率的な遊休資産、遊休人的リソースを有効に活用し、新たな価値や仕組みを生み出すというような経済厚生の観点からだけではなく、セキュリティや安全に十分配慮した事業になっているかを確認しなければならない。

すなわちユーザー第一に考え、結果的にユーザーが損害を受けるケースを最大限排除するシステムを考えなくてはならない。このような「外部不経済」を是正するために、今回のシェアリングエコノミーで頻繁に活用しているレーティングは、ある程度、セキュリティや安全を担保する適切なシステムである。今後は、保険の拡充・義務化などの対応も必要になるだろう。

ちなみに、ウーバーテクノロジーズなど、ドライバーと利用者をマッチングするアプリを提供する事業者は、当該事業者の負担で事業用の保険が設定され、事故等に対応するようになっているが、ドライバーに対する運行管理や車両の整備、あるいは万が一の事故の際の責任は負わないこととなっている。

裏返せば個人としてシェアリングビジネスを活用して、自らが何らかの事故に巻き込まれてしまう可能性も否定できない。万に一つかもしれないが、ユーザーは、そのことを再認識し、もし、そのリスクをゼロにしたいのならば、自分自身の選択としてシェアリングビジネスを使うべきでないと考える。これはまさにユーザー各人の選択の問題である。シェアリングビジネスに関しては、政府は安易に、導入する、導入しないと言うゼロサムで考えずに、その正確な情報とリスクを明示したうえで、シェアリングビジネスの利用の可否は国民の選択に委ねるべきだ。要するに、政府の役割は、国民に明確な「選択肢」を提示することなのだ。そのためには、シェアリングビジネスの制度の構築と既存制度とのメリット・ディメリットとそれぞれのリスクを明確にすることが肝要だ。

最近、元最高経営責任者（CEO）の蛮行や劣悪な企業文化を元従業員によって明らかにされるなど、ウーバーテクノロジーズのコンプライアンスに対して厳しい目が注がれている。しかし、これらはシェアリングエコノミーの制度構築と全く別の議論なので、制度構築に際しての考慮要因に加えるべきではないと考える。それら個別の事象は法令に照らして適切に個別に対処することが望ましい。

次に今後、最も有力なシェアリングビジネスとなる可能性が高い物流版シェアリングサービスについて考えてみたい。例えば、ウーバーイーツである。これは一般人を使った出前サービスで、ウーバーテクノロジーズが仲介して、飲食店の料理を配達員に登録した一般人が自転車や原付バイクを使って届ける仕組みである。

また、宅配便など、BtoB、BtoCの物流が、人手不足からボトルネックとなっているが、それを解消する一手段として、荷主と運送会社を仲介するシェアリングサービスが注目を浴び始めている。荷主は荷物を短時間で、かつ、リーズナブルな価格で目的地まで運んでもらえるし、運送会社はトラックやドライバーの空き時間を有効に活用できるなど、お互いウィンウィンの関係になる。法令的にもライドシェアリングなどと比べて障害が少なく、今後、宅配便に変わる物流システムになりうるのではないだろうか。

貨物自動車運送事業法では、自転車、原付バイクによる荷物の運送は許認可の対象になっていないので、ウーバーイーツは特に許認可の必要はない。ただし、荷主と運送会社を仲介するシェアリングサービスについては、ドライバーが自動車を使用する場合、当然、運送会社が許認可を受ける必要があり、現段階では、運送会社の代わりに許認可を受けてない個人が配送することはできない。アメリカでは、アマゾンがアマゾンフレックス事業として集配施設から顧客宅までのラストワンマイルを個人が配送しており、日本もこの方向に向かっていくと考える。

また、二〇一七年八月、米アマゾンは、高級スーパーのホールフーズマーケット(注12)を買収したが、これは小売市場でネットとリアルの融合が始まったことを意味する。アマゾンにネットから来た注文を、ホールフーズマーケットという「倉庫」から搬出することが可能となり、その配送はBtoCの物流版シェアリングサービスを用いれば、新たな小売りシステムとなる可能性を秘めている。今後、同種の連携は、国内外で頻繁に結ばれるだろう。

コラム

民泊の今

旅館業法では、「反復継続」して有償で部屋を提供する者（ホスト）は都道府県知事の許可を必要とする。したがって、これまで、民泊を行う際には、この「反復継続」がどの範囲までかが論点となっていた。それが、二〇一七年六月に成立した新法「住宅宿泊事業法」で確定された（二〇一八年六月施行）。

この法律で、民泊の年間営業日数の上限を一八〇日として、原則、それ以下の日数であれば「反復継続」でないとして旅館業法の適用除外とした。

ただし、地方自治体が生活環境の悪化などを条件に、地域の実情に応じて一八〇日以下に営業日数を制限することを可能としたため、地方自治体が「学校の周辺は夏休みの期間のみ営業可能」とか「観光地は多客期の九月から一一月を除き営業禁止」などと理由をつけて営業を一八〇日より短縮できるように規定している。言い換えれば、地元のホテル、旅館業界の圧力により、地方自治体が民泊の営業日数を一八〇日より短縮できることとなり、今後の運用が円滑に行われるか注視する必要がある。

民泊を行うメリット、ディメリットを次の表にまとめてみた。これを見ると、①既存業界との調整、②セキュリティや安全対応、③新規ビジネスの創成という三つの観点から民泊を評価することができる。前の二つが民泊を行うディメリットであり、最後の一つがそのメリットだ。

それぞれのメリットやディメリットは定量的に評価することはできないが、中長期的な観点から考えて、定性的に総合評価を行い、どのような制度を構築すべきかを考える必要がある。その際には、民泊を導入するか、導入しないかのゼロサムで考えず、その中庸、市場の激変緩和のために限定的に導入することを考えたり、一時的なイベントだけに活用するのも一案である。その際には、ライドシェアリングと同様に、既存事業者とイコールフッティングの競争条件を整えることが肝要だ。

京都市は二〇一八年一〇月に宿泊税の導入を考えているが、その素案ではホテルや旅館だけでなく民泊の宿泊者にも幅広く課税することとなっている。これは、まさにイコールフッティングの第一歩と言えよう。

現在のところ国内の民泊に関しては、法整備前から地盤を固めていた米中勢が先行しており、国内企業は、海外市場はおろか、国内市場でもマイナーな存在になっている。国内企業の一層の奮起を期待しなければならない[i]。

i 二〇一七年八月、中国人の宿泊者を確保することを目的に、楽天は、

民泊を行うメリット・ディメリット

ステークホルダー	メリット・ディメリット
ホテル、旅館等	顧客の減少による売り上げ減
近隣住民	騒音やゴミなどのトラブル
マンション管理組合など	知らない人が出入りし、セキュリティ面で問題
不動産会社など	マンションの空室を有効に活用
政府	ホテル不足を解消し、外国人旅行者を確保

中国の民泊大手の途家（トゥージア）と連携することを発表した。また、二〇一七年九月、ＪＴＢは、日本の民泊ベンチャーの百戦錬磨と提携し、民泊事業に参入すると発表した。

第 5 章

だれが成長を妨げるのか

——法規制のゆくえ

未来のクルマ社会を妨げるもの

自動運転の社会を現実のものとするためには、クルマだけに着目するのではなく、AI、IoT、ビッグデータをフル活用した「未来のクルマ社会」を見据えた制度を作る必要がある。そのためには、まず、現行の法制度との不適合を明らかにして、解決策を見出さなければならない。この点に関しては、現在、政府で議論が進んでおり、おおよその方向が明確になってきている。自動運転車の交通等に関する法制度について言えば、今後、その普及を踏まえつつ、どのようなタイムスケジュールで法制度を整備していくかという議論の段階に入っている。本章では、まず、その詳細を記したい。

次に、「未来のクルマ社会」を構築するにあたり、既存業界と新規参入企業との主導権争い、省庁の壁、技術の壁など、多くの課題が山積しているといわれている。実のところ、どうなのか。それらについても、本章で明らかにしたい。

最後に、国民の「未来のクルマ社会」に対する受容性（パブリック・アクセプタンス）を考える。一般論として、自動運転車の社会を歓迎するにしても、自分自身が自動運転車の事

表28　未来のクルマ社会を妨げるもの

アクター	課題
政府	現行の法制度の不整合、省庁の壁
政府／産業界	技術の壁
産業界	既存業界と新規参入企業の主導権争い
国民	パブリック・アクセプタンス

故に巻き込まれた場合、その結果を受け入れられるかという視点で考えていきたい。

以上を図示すると**表28**のようになる。アクターを政府、産業界、国民に分けて、それぞれの課題を示しているが、技術の壁は、政府と産業界が協力して進めるものなので、両者の中間に記載している。

整備途上の法制度

(1) 法制度をどう変えるか

自動運転車を現実のものにするためには、現行の法制度を大きく変えなければならない。まず、自動車の運転と交通に関する法制度について考えてみよう。

まず前提として日本のこの分野の法制度は、日本が加盟しているジュネーブ道路交通条約に基づいている。自動運転車の社会に備え、本条約をどのように改正するか、現在、条約加盟国間で議論しており、その方向性に準拠する必要がある。一方、日本でも議論は始まっており、自動運転車の社会の到来に備えて、交通等の法制度を改正するという方向性については異論が少ない。ただ、究極的には自動運転車のみの社会を想定しつつ、それに至るまでの過程に自動運転車とヒトが運転する自動車の共存を念頭に置いた制度の構築が必要である。また、それ以前に実証実験の法制的な環境整備も不可欠だ。これらのタイムスケジュールについても、技術の進歩度合や国民の受容性（パブリック・アクセプタンス）が必ずしも明確でないため、現在も議論の途上である。

具体的に国内法で考えてみると、道路交通法第七〇条の「安全運転の義務」では、「車両等の運転者は、当該車両等のハンドル、ブレーキその他の装置を確実に操作し、かつ、道路、交通及び当該車両等の状況に応じ、他人に危害を及ぼさないような速度と方法で運転しなければならない」としている。しかし、自動運転となると当の運転者がいない。周囲の監視義務やハンドル操作もシステムが担うため、当然、何らかの法律改正が必要になってくる。

ただ、前述のとおり、一挙に自動運転車のみの時代が来るわけではない。まず、実証実験、その後、自動運転車とヒトが運転する自動車の共存の時代を迎え、最終的に自動運転車のみの時代に至るという流れで、自動運転による「未来のクルマ社会」は段階的に到来するはずだ。したがって、最初に政府がやるべきことは、国内で実証運転ができる体制を整えることである。

この点については、二〇一六年五月に、警察庁ガイドライン（自動走行システムに関する公道実証実験のためのガイドライン）が策定されたが、そこでは「運転者となる者が緊急時等に必要な操作を行うことができる自動走行システムであることが前提」とされた。しかし、これでは、自動運転車に運転者となる者を同乗させなければならず、それは本来の自動運転車ではなく、実証実験に支障をきたす。そこで、二〇一七年五月に警察庁は一般車に交じって遠隔制御する無人運転車の公道走行実験を可能にするための許可基準を示した。すでに公道走行実験の申請の受付を始めている。なお、この公道走行実験の許可基準では、①テストコースでの走行試験を経ている、②通信システムを確保している、③遠隔監視モニターで運転席にいるのと同等の状況が把握できている等が満たされれば、無人での自動運転の公道走行実験が可能としている。

いずれにしても、「未来のクルマ社会」に向けて、ジュネーブ道路交通条約との整合を考えつつ、道路交通法を含む現行法制度の段階的な改正が不可欠である。技術の進歩の度合など予測不可能な点もあるとはいえ、政府は法制度改正の具体的なスケジュールを明示して、事業者にその予見性を高めさせるべきである。過去の反省を踏まえ、「日本は法制度が厳しいので、実証実験は海外で」ということにならないようにすべきだ。実証実験ができないところに、自動運転車の導入・普及のみならず、自動運転車関連産業の発展などあるはずがないのだから。

(2) 事故はだれが責任を負うのか

交通事故が生じた場合の法制度は、被害者と加害者が絡む重要な問題となる。そのため、自動運転車の普及に伴い、事故による責任の所在を明確にする必要がある。つまり、従来は運転者が担っていた責任についても、①自動車本体の製造業者、②自動運転システムの開発者、③条件入力者（基本的には運転者）などが一定程度、担わなければならなくなる可能性が高い。

しかも、交通事故の責任といっても、加害者に刑罰を科す刑事責任、被害をだれに補わせるかという観点から判断する民事責任、さらに、免許の取り消しや免停などを科す行政責任がある。自動運転に伴い、刑事、民事、行政、すべての責任に関して、運転者責任（というか、自動運転車の場合はケースバイケースで所有者、あるいは、搭乗者責任となるかもしれない）が縮小すると考えられるが、それは同時に、②の自動運転システムの開発者が一定程度責任を担わなければならなくなることを意味している。①の製造物責任についても、メーカー（製造者）の責任が相対的に重くなる可能性が高い。③についても条件入力者として改めて所有者あるいは搭乗者に責任が問われるかもしれない。

結局、運転者の存在を前提とする現行の法制度のみでは対応できない問題なので、政府が自動車保険会社と協力してガイドラインを作成するとともに、ケースバイケースで判断した事例を蓄積することが必要になるだろう。自動運転車の普及にあたっては、従来のような使用者のみならず、自動運転車に関与した人々についても、自動運転車で事故が起こると、どのような責任が生ずるか、予見可能性を高めることが必要である。仮に事故に遭遇した場合は、裁判でいたずらに時間をかけずに、判例を積み上げ、ADR（Alternative Dispute Resolution：裁判外紛争解決手続）を行う仲裁機関で解決できるようなメカニズムを設ける必要があるのではないだろうか。

（3）データの囲い込みへの対応

ＡＩを実生活で活用するためには、自動運転車の走行精度を高めるためだけでなく、正確で信頼の置けるビッグデータを蓄積し、その収集されたデータを適正に活用することが不可欠である。

ただし、自動運転に関連する様々なデータを独占・寡占化する企業が現れ、データの囲い込みが行われると、新規事業者の参入機会を奪うのではないかとの指摘が各方面からなされている。つまり、デジタルデータの利活用を巡って競争が激化しつつあるなか、ＧＡＦＡ（Google, Apple, Facebook, Amazon）（注１）のようなデジタル市場で急成長を遂げている企業の競争優位が固定され、支配的地位を占めるのではないかという懸念である。

このような現象は、一般論としてＩＴの世界の独占・寡占化の問題として広く知られている。例えば、ネット検索について考えてみよう。ネット検索は、ユーザーが自分の知りたい情報を無料で知ることができるが、その代りに、その検索ワードや閲覧履歴を事業者に提供していることになる。事業者はそれらの情報を活用することにより、カスタマイズされたサービスを提供できるようになる。検索サービスの質も向上するので、ユーザーのそのサービスに対する評価が高まる結果、他の事業者のサービスに見向きもしなくなり、ロックイン（囲い込み）が起きる。すなわち、データの収集と利用の間に相乗効果、いわゆるネットワーク効果が働き、データを集積した事業者とそうでない事業者との勝負が明確になってしまうのだ。参入障壁が高くなり、新規企業の参入は難しくなる。その結果、勝ち組の独占・寡占企業が明確になるわけだが、それらの企業が、当初、適切に対応したとしても、競合がいない（あるいは少ない）ことをいいことに、急に有償化したり料金の値上げをするなど、過大な利潤（レント）を取るということも起こりうる。こうなると競争上大きな問題となってしまう。さらに画期的な製品を持って参入する企業も妨害、排除するとなれば、結果的にイノベーションも阻害してしまうことになる。

したがって、これと同様のことが、自動運転に関連する様々なデータで起きないように、対応を考えなければならない。まずは、国内外の企業を問わず、新規に参入しやすい環境整備が必要である。しかしながら、国内でＧＡＦＡに対抗する日本企業は存在せず、彼らに国内データの主導権を取られる可能性が高いというのが現状だ。そこでＧＡＦＡに対抗する意味でも、日本国内で分散している質のよいデータを集め、ビッグデータ化し、ＧＡＦＡとの対立軸を構築する必要がある。

それを助けるものとして、二〇一六年一二月に官民データ利用促進法が施行された。二〇一七年五月には改正個人情報保護法が全面施行され、国内のデータ流通・利活用の枠組みが構築されつつある。例えば、改正個人情報保護法では、個人情報を十分に加工し、個人が特定できないように加工されたデータについては、「匿名加工されたデータ」として、その活用が自由になっている。

(4)「価値あるデータ」の普及方策

改正個人情報保護法によって「匿名加工されたデータ」が流通するようになったが、まだ、いくつか残された問題もある。その一つは、「匿名加工されたデータ」が自由に流通するようになったものの、不正にデータを取得した者や不正確な情報を提供した者への対応が十分に行われていないため、ビッグデータ化が進まない点である。

工場の工程等で得られる「個人に関わらないデータ」についても、今のところ全く自由に収集したデータであるため、「匿名化されたデータ」と同様に、正当な手続きで入手したデータなのか、そのデータが正しいものなのかがわからず、データの利活用が進んでいない。

表29　現行知財制度と「価値あるデータ」との関係

	秘密として管理された情報	秘密として管理されていない情報（※）
価値あるデータ	営業秘密（不正競争防止法）	価値あるデータの利活用が広く進むような法的枠組みなし
発明など技術情報	技術ノウハウ（営業秘密・不正競争防止法）	特許制度（特許法）

※無制限、無条件で利活用される情報については特段の措置なし
（出典）知的財産戦略本部検証・評価・企画委員会新たな情報検討委員会[2017]を基に筆者が修正

政府では、この「個人に関わらないデータ」に加え、前述の「匿名加工したデータ」(注2)も、データの利用者にとっての「価値あるデータ」とみなしている。しかし、**表29**のとおり「価値あるデータ」のうち「秘密として管理されていない情報」については、利活用が広く進むような法的枠組みがないとしている。そこで経済産業省は、この「価値あるデータ」を安心してやり取りでき、その収集、分析などに対し投資に見合った適正な対価を得ることができるように、不正競争防止法の改正を検討している。具体的には、現行の不正競争防止法の範囲（営業秘密）外の「価値あるデータ」の悪質性の高い取得行為を新たに規制し、差止請求などの救済措置が可能となる規定を設けることを考えている。

同時に、産業競争力強化法を改正し、クルマを作る際の工作機械の稼働データや携帯電話の故障データなどを収集

図30　不正競争防止法による対応

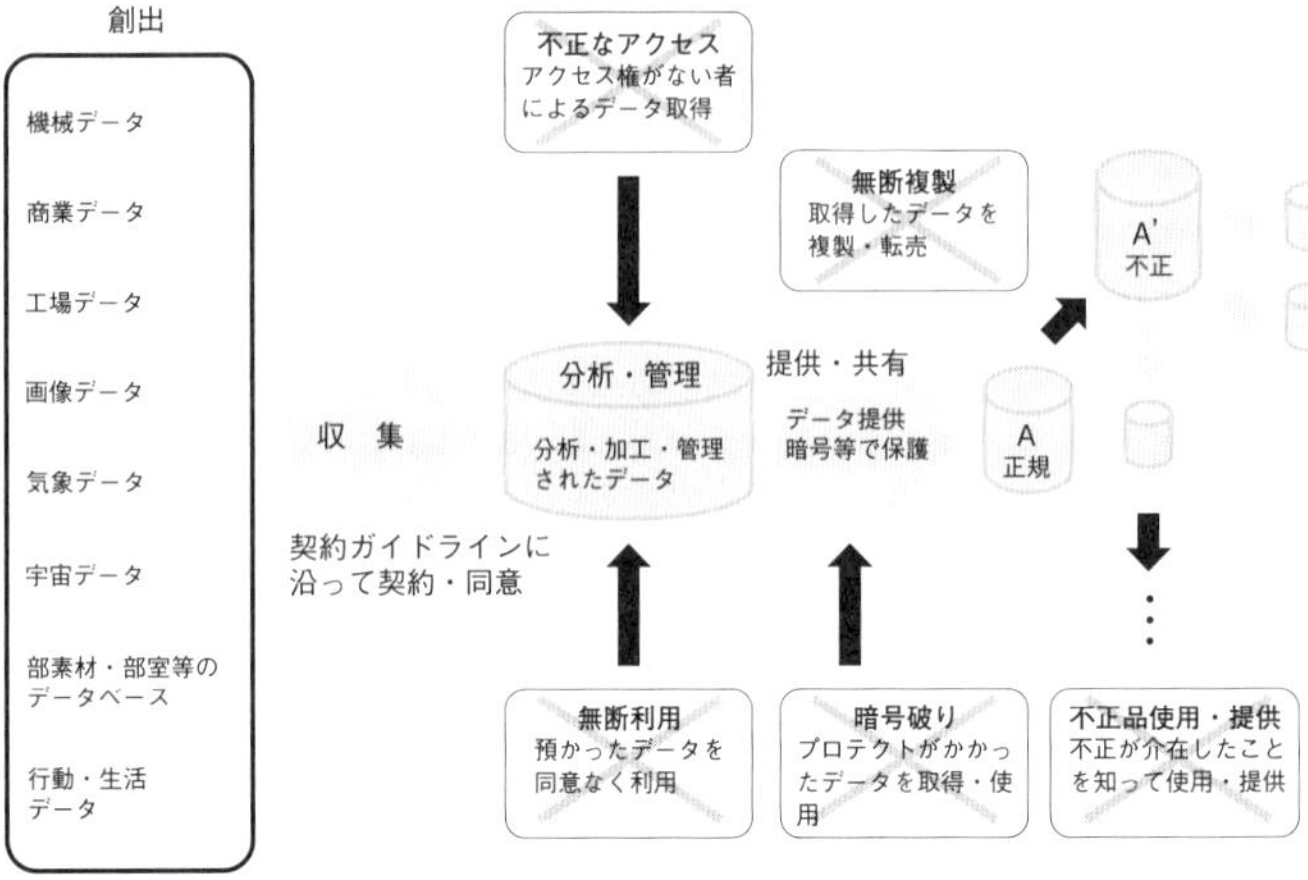

（出典）産業構造審議会　知的産業分科会　不正競争防止小委員会[2017]を基に筆者が修正

した企業は、その旨を政府に登録し、セキュリティ上の信頼性を担保するため、公的機関にセキュリティ監査を受けることができるようにする。それらに対応した企業は、世間からデータの信頼性とセキュリティが高いと評価され、結果として「産業データ」が集まりやすい環境と適正に利用する環境を作ることができるのである。

　正当な方法で集めた正確なデータについては、収集、蓄積、保管に一定の投資や労力が必要とある。政府は、事業活動上利益を生む「価値あるデータ」を対象に、企業間のデータ利活用などに関するガイドライン（指針）を策定し、企業間でデータ利用権限を適正・公正に取り決める仕組みを明確にしようとしている。もし、これらが実行されたならば、個人情報を含まない正当な方法で集めた正確なデータが世の中に流通することとなり、これらは自動運転車の走行精度を高めるだけでなく、ＡＩの実生活への活用のための大きな促進剤となるだろう。

(5)「情報銀行」と「データ取引市場」

このような形で集められたデータを有効に活用するために、政府のＩＴ総合戦略本部に設けられたデータ流通環境整備検討会では「情報銀行」と「データ取引市場」という二つの道具立てを提案している。(注３) まず、「情報銀行」は個人とのデータ活用に関する契約に基づいてデータを管理するとともに、個人の指示又はあらかじめ指定した条件に従って個人に代わって妥当性を判断し、データを第三者（他の事業者）に提供する事業である。「データ取引市場」とは、データ保有者と当該データの活用を希望する者を仲介し、売買等による取引を可能にする市場のことをいう。以上を**図31**に基づいて説明しよう。「情報銀行」は、個人や個人のデータを蓄積した企業からデータの提供を受け、それに対価を払ってデータの蓄積を行う。そして、そのデータを必要とする人に有償で提供する市場が「デー

図31　データ取引市場

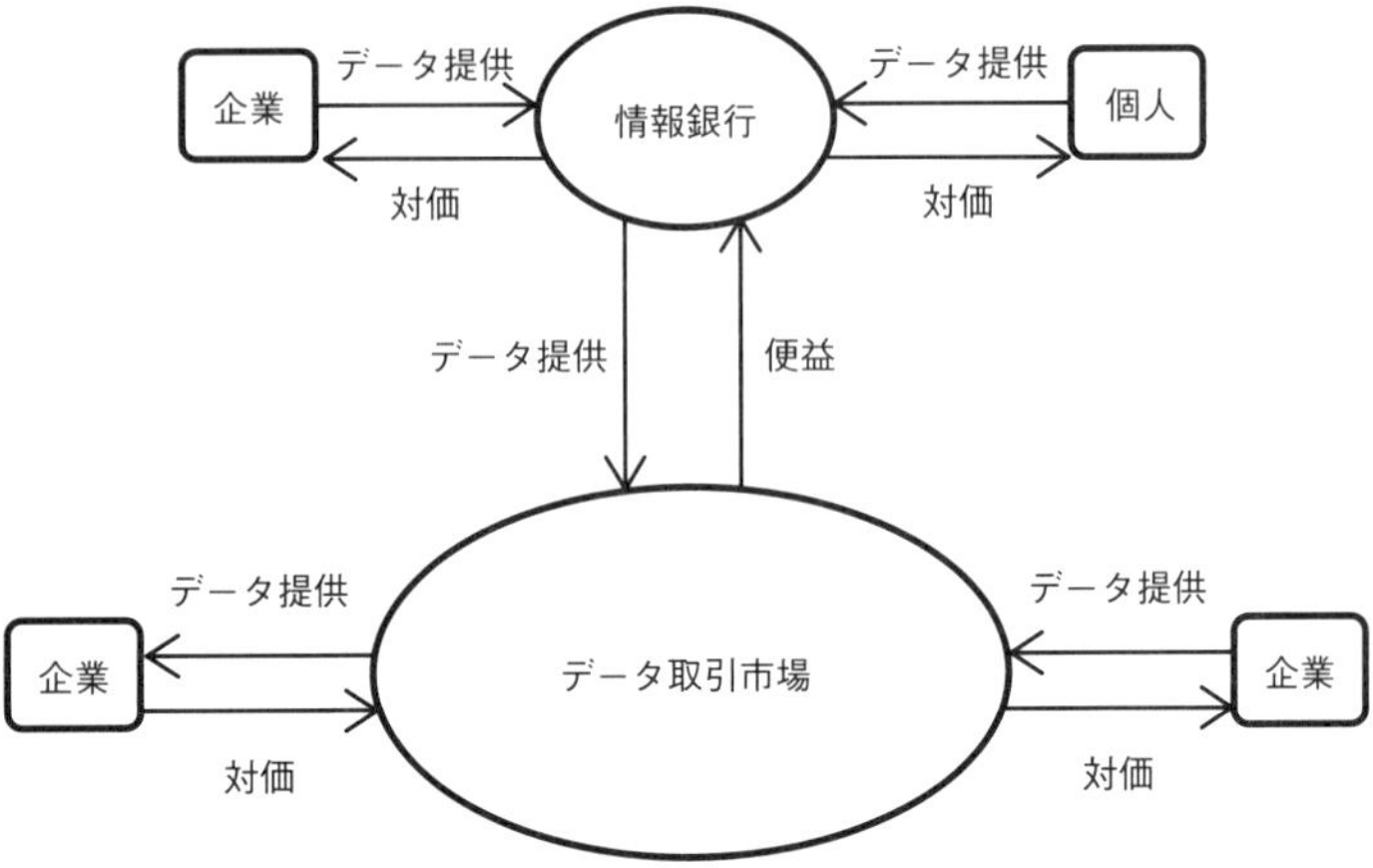

（出典）データ流通環境整備検討会[2017]を基に筆者が修正

タ取引市場」である。この市場には、「情報銀行」だけではなく、データを所持している個人や企業もデータの提供者という位置づけで参加できる。例えば、自動運転のソフトウェアを開発しており、運転履歴のビッグデータが必要な企業は、この市場から有償でデータを取得できるのである。したがって、この市場の役割は、価格形成・提示、需給マッチング、取引条件の詳細化、取引対象の標準化、取引の信用保証等の機能を担うことである。

これらの対応を着実に進めていけば、国内市場では、GAFAなどの先行者への対立軸を持つことが可能となり、日本企業もプラットフォームを構築できるかもしれない。具体的な動きとしては、二〇一六年六月、三菱電機、ゼンリン、パスコ等の地図・測量メーカー六社が、自動車メーカー九社とともに高精度三次元地図の整備等の事業化を進めるダイナミック基盤企画株式会社（ＤＭＰ）を設立した。さらに、二〇一七年六月、産業革新機構の出資を受けて社名をダイナミック基盤株式会社に変えた。企画会社から事業会社に生まれ変わり、国内地図のプラットフォーム化に向けて動き始めたところである。この会社も新たに創設されるであろう「情報銀行」や「データ取引市場」等の機能を活用すれば、日本に、競争力のあるプラットフォームが構築できると思われる。

ただ、国内で「価値あるデータ」が普及し、「情報銀行」「データ取引銀行」が開設されても、大きな問題が二つ残っている。

まず一つは、仮に国内で、このような環境整備ができたとしても、市場として実際に機能するまでには、相当時間がかかってしまうということである。自動運転の世界は、スピード勝負なので、制度ができて、その後、運用が円滑にできたとしても、その時には、もう勝負がついていたということになりかねない。

もう一つの問題点は、日本以外の海外の動向である。海外ではＧＡＦＡがデータを牛耳っている。また、GAFA以外でも、米エヌビディアが、中バイドゥ、蘭トムトム、独HEREなどの地図ベンダーと、自動運転車向けクラウドと車載機器と連携させるCloud-to-Car関連の技術連携を始めている。このようななか、日本企業は、国内市場だけで生き残るのは難しく、海外市場にも進出しなければならない。しかし、日本国内であれば、（ある程度時間がかかるとしても、前述の対応により）自動運転に必要な様々なデータを入手することが可能であるが、海外ではそうはいかない。これではガラパゴスである。

以上のことを考えると、国内対応として「データ取引市場」などの制度構築をしっかりやっていくべきではあるが、海外市場のことを考えると、日本企業は、早期にGAFAや米エヌビディアなど、自動運転に関してプラットフォームを構築している企業と協調関係を構築し、これら企業と連携していくことも考える必要がある。これは、国内「データ取引市場」などがうまくワークしなかった時の担保にもなりえるはずだ。

（6）海外データをどう獲得するか

以上のように、日本企業はGAFAと協調体制を築くことが必要であるが、政府は、今後、国内で育っていくプラットフォーマーやGAFAのプラットフォームを使う企業が不利にならないような環境を整える必要がある。二〇一七年六月に公正取引委員会は、「大量のデータやその解析技術等が一部の事業者に集中しつつあるとの指摘もあるなかで、仮に、競争が阻害されることにより消費者の利益が損なわれる恐れがある場合には、独占禁止法に基づき対応し、与えられた役割を適切に果たす必要がある」とし、不当なデータ独占や囲い込みに対して独占禁止法の適用を辞さないという姿勢を明確にした。(注4) 例えば、M&A（合併と買収）の審査でも企業の市場シェアだけでなく、データの集積も、市場における支配力形成につながると判断したものであり、ビッグデータをフェアにあつかう環境整備の重要な一歩であり、評価できる提案である。

さらに、日本の戦略として考えられるのは、GAFAが行っているような「クラウド側」でデータを蓄積して分析する手法ではなく、「センサー側」で相当程度処理する手法に転換すべきだと考える。自動運転車の場合、センサーでクルマの周辺の交通流、歩行者の状況などを取得して、ネットワーク経由でサーバーにデータを集積し、そこで解析を行っている。その解析処理を、サーバー側、いわゆる「クラウド側」でなく「センサー側」で相当程度行うというものである。そのようにすれば、データ主導社会で中心的な役割を果たしているGAFAのデータ寡占状況を緩めることになるし、なによりも自動運転は、急な人の飛び出しなどに対し直ちに対応しなければならないリアルタイム性が求められる。瞬時、瞬時に判断しないと人命にかかわるので、わざわざ、「クラウド側」までデータを吸い上げず、「センサー側」、すなわち「エッジ」で対応した方がレスポンスが早くなりユーザーにとっても有益である。さらに「センサー側」で対応することにより、データの漏えいの可能性も低くなり、セキュリティの確保にもつながる。（このことについては、「ＧＡＦＡへの対抗軸」でさらに説明する。）

最後に言わずもがなだが、日本企業が海外に進出していくためには国内の標準だけではなく、国際整合性がないと意味はない。その意味では、リアルタイムで様々な情報を入手可能にするための情報プロトコルの整合が必要である。

（7）特許がイノベーションの足枷とならないために

自動運転など社会インフラに関する特許については、公共性を重視しなければならない。例えば、自動運転に必要な特許を一人の所有者が所持してしまうと、その所有者の考え方一つで、自動運転車の実用化が進まなくなってしまうからだ。つまり、その特許の所有者がその使用を他社に認めないとか、仮に使用を認めたとしても、法外な使用料を取ることになると、競業他社は多大な資金を投入して、その特許に抵触しない他の方法を模索しなければならない。場合によっては事業をあきらめざるを得なくなる例も出てくるかもしれない。もちろん、研究開発のインセンティブを高めるため発明者の権利を保護する必要はあるが、前述の行為は、自動運転のイノベーションに大きな障害となってしまう。この事態を回避する手立てとして、まず、基本となる大枠については非競争部分として国際標準化を行うべきであろう。特に自動運転の場合、クルマと社会インフラとの整合、クラウドとの通信プロトコルにおいては国際標準化が必要不可欠である。

自動運転のような分野で標準化をはかるためには、特定の標準の策定に関心を持つ複数の企業が会議（フォーラム）を開いて決めるのが一般的である。ただ、このようなフォーラム標準に準拠した製品を作る際に必要不可欠な特許（標準必須特許）であっても、法外なライセンス料を取ろうとする特許所有者もいる。いわゆる「ホールドアップ問題」を引き起こす可能性があり、そうなると明らかにイノベーションを阻害する行為となる。「ホールドアップ問題」とは、一般に、事後的に不利な取引条件の変化や取引停止を迫られることを恐れ、投資が不十分にしか行われないことをいう。

このケースで「ホールドアップ問題」を回避するため、フォーラム標準の参加者にパテントポリシーの順守を徹底している例が多い。標準の規格に取り込まれる可能性のある技術が、自らが保有する特許権にふれる可能性がある標準化団体の参加者は、その旨を報告しなければならないことになっている。

次に、この報告をした参加者は、その技術が標準の規格に取り込まれ、有償である場合はＦＲＡＮＤ宣言(注5)に基づいて行動することが求められている。ＦＲＡＮＤ宣言とは、有償であるが合理的かつ非差別的かつ公平な条件で実施許諾を行うというものである。このパテントポリシーをそれぞれの企業が順守することにより、企業は自動運転車の開発を安心して進めることができるのである。

もちろん、パテントポリシーを順守しない企業も過去には存在したが、それらについては裁判で解決している。例えば、サムスン電子がアップルに対し第三世代のモバイル通信規格のなかの標準必須特許に関して特許侵害訴訟を起こし、差し止め請求と損害賠償請求を求めた。その内容は、サムスン電子がＦＲＡＮＤ宣言をしていたにもかかわらず、アップルに法外なライセンス料を請求し、アップルがそれに従わないため提訴されたものである。知財高裁の判決では、サムスン電子がＦＲＡＮＤ宣言をしていたことも影響して、アップルへの差し止め請求や損害賠償請求は両方とも認められなかった。この判決に対し裁判所が提示したライセンス料が少額すぎるとの指摘もあったが、特許の行使者同士の係争であるため、お互いに早く決着したいというインセンティブが終結に導いた。今後も、このような判例を蓄積し、解決に向けた相場観を作っていく必要がある。

その他、問題となる事例として考えられるのは、近年、標準必須特許などを入手して事業会社から巨額な特許使用料や和解金を得ることを考えているパテントトロールである。パテントトロールは、実際の特許の行使者ではない場合がほとんどであるため、スピード解決を求める事業者に対しても時間をかけて交渉する場合が多い。したがって、スピードを要する事業者の足元を見て、法外な特許使用料や和解金を取る戦略を立てる傾向がある。その行為はイノベーションを大きく阻害するので、何らかの対応を取る必要がある。

具体的には、係争に直接関係のない政府を含む第三者が中心となる臨時的なチームを構成して、ある程度、強制力がある仲裁を行い、適切なライセンス料を決定する新たな紛争処理制度を構築してはどうだろうか。

自動運転の分野ではないが、パテントトロールと言われているインテレクチュアル・ベンチャーズ（ＩＶ）が、トヨタ、ホンダ等の自動車・部品メーカーに対し、電気自動車にも使われている電動モーターの特許を侵害していると訴え、それを受けて米国際貿易委員員会（ＩＴＣ）が調査を開始している。この行為は、今後、自動運転の分野でも発生することが想定されるイノベーションを阻害する行為であると思われる。(注6)

主導権を握るのはだれか

自動運転車という変革により、クルマは、機械の塊、あるいは、メカニックの塊から、機械と電子を融合したエレクトロ・メカニカル・エンジニアリングを越えてＩＴ製品になりつつある。ＩＴ製品といっても、ハードウェアが中心ではなく、ハードウェアからソフトウェアにコアテクノロジーが移ってきている。特に、自動運転車は、センサーから得られる情報をビッグデータとして即座に分析し、精緻な地図と整合を取らなければならない。そのような意味では、これらを総合した「情報プラットフォーム」の重要性が増してきている。さらに、シェアリングエコノミーの風が吹き、クルマは「所有」するものから、「使用」するものに変わってきている。

このことを示したのが、**図32**である。従来の自動車はガソリンエンジン車がほとんどで、クルマ以外は関係がなく、クルマ単体のみという存在であった。したがって、自動車メー

図32　現在と将来のクルマ

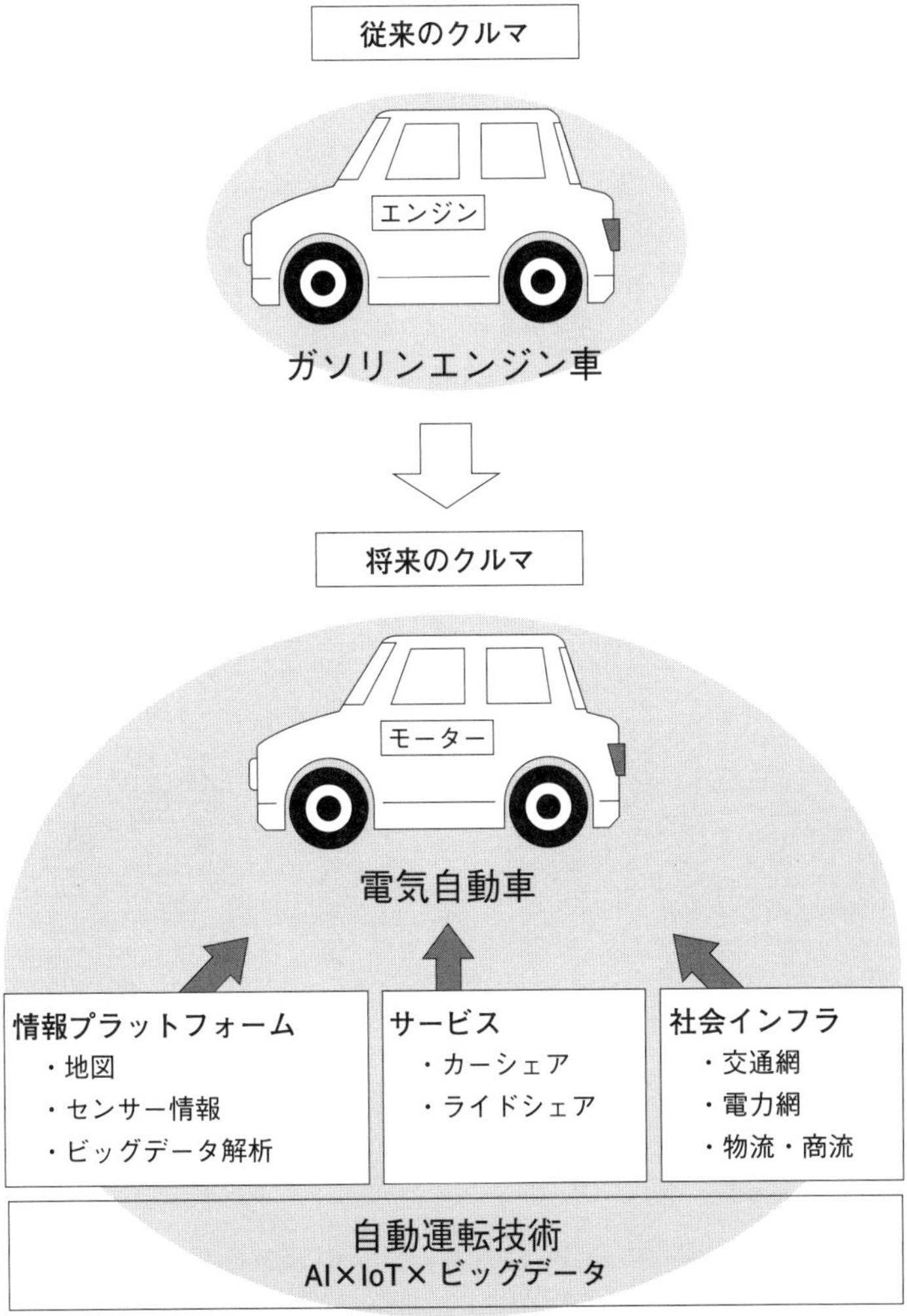
従来のクルマ
エンジン
ガソリンエンジン車
将来のクルマ
モーター
電気自動車
情報プラットフォーム
・地図
・センサー情報
・ビッグデータ解析
サービス
・カーシェア
・ライドシェア
社会インフラ
・交通網
・電力網
・物流・商流
自動運転技術
AI×IoT×ビッグデータ

カーは、二万から三万点からなる部品をいかに組み立てればいいかという、いわば閉じられた枠組みで対応できた。一方、将来のクルマの有力候補としてあげられる電気自動車は、自動運転、シェアリングエコノミーが同時並行的に導入され、「情報プラットフォーム」や「サービス」を含めて考えなければならなくなってきた。したがって、未来のクルマを考える際には、クルマだけの閉じた世界では対応できなくなっているというばかりか、クルマの部分より「情報プラットフォーム」の方が重視されるようになっているとさえいえる。さらに「サービス」もあなどれない存在となっている。

これら「情報プラットフォーム」や「サービス」の技術のバックボーンにＡＩやＩｏＴやビッグデータ処理技術などの「自動運転技術」がある。なお、将来のクルマの必要技術は、**図32**で丸く囲んだ範囲に拡大する。特に、「情報プラットフォーム」の技術比率が高いので、この市場に、グーグル、アップル、フェイスブックなどのＩＴ企業が参入してきているのだ。「サービス」の分野には、ウーバーテクノロジーズが参入している。将来のクルマ市場の参入障壁が低くなり、従来の自動車組立メーカー以外のＩＴ企業やシェアリングエコノミー企業の参入が容易になってきたのである。

このようなクルマの中身、あるいはその範囲の大きな変更により、自動車組立メーカーも自前主義からの変更を余儀なくされている。すなわち、今までの広義の自前主義である、自社及び系列を中心とした手法では、この新しいクルマが技術的に作れなくなってしまったのである。トヨタを始めとする自動車組立メーカー各社は、自社の技術の足らざる部分を出資や企業連携を通じ補完し、場合によっては、重要部品を系列外からも調達するようになっている。このように、クルマの技術的な比重がメカニカル・エンジニアリングから電子技術を越えてＩＴ技術に移行するなか、ＩＴ企業も自動車組立メーカーと連携し、その製造を主導しつつある。

これはまさに、自動車組立メーカーとＩＴ企業やシェアリングエコノミー企業の主導権争いである。前述のグーグル、アップル、ウーバーテクノロジーズのほか、テスラもすでに参入し、電気自動車を販売している。さらに、ダイソンも二〇二〇年までに電気自動車を販売すると表明している。

このように、自動運転、シェアリングエコノミーの流れが、旧来の自動車産業を大きく揺さぶっており、新たな自動車産業の息吹を感じる。

一般論では、企業の寿命は三〇年と言われている。これは、同じ業態で存続しうるのは三〇年が限界ということであろう。裏返せば、三十年以上存続している会社は新たな事業を見つけ、それに主力を移すことにより、業態を変えながら存続してきたのである。トヨタも発端は、豊田自動織機から始まり、自動車販売を始めたのは一九三六年である。なんと八〇年にわたりクルマの生産を行ってきたことになる。そのような面から見れば、旧来の自動車組立メーカーが今までと全く違った新しい企業として生まれ変わるか、新たな企業が日本の自動車産業の中心的な役割を果たすようになっても不思議ではない。

省庁の壁は問題か

現在、自動運転に必要不可欠なＡＩ技術に関しては、文部科学省、総務省、経済産業省の三省が一体となって進めることになっている。以下では、それで本当にいいのかを考えたい。

一般的に、新しい分野の研究が注目されると、関係省庁が、それぞれの立場を主張して、その研究を実施し、場合によっては実用化も含めて重複して実施する傾向がある。そうなると、政府内部、産業界、新聞を始めとするマスコミから、調整を取って効率的に研究を行うべきとの声が挙がり、内閣府等が主導して調整を進め、関係省庁の研究分野のデマケーション（区分）を作り、それに即して研究を進める体制を取ることになる。ただし実態は、調整コストが多大にかかった挙句、形式的な文言上の調整で終わってしまい、中身は全く調整以前のものと変わらず説明がつかないものが闇に潜るという事態になる。そのような状況でも、形式を尊重し、そのデマケーションに基づいた研究計画を作成し、研究の節目、節目でフォローアップを行っているのである。

私は、このような形式美だけを求めるデマケーション作成の調整作業はやめるべきだと考える。一般的に、新しい分野の研究は、足が速いので、二重投資となるから、あるいは、政府の総合的な研究戦略が固まらないから、といって調整しているうちに、後手、後手にまわってしまいがちである。このような新しい分野は二重投資を恐れずに、スピード感を持って研究を突き進めるべきだと思う。政府内の調整よりも、研究をスピード感を持って進めることが重要であり、調整している暇があったら、政府として研究を一歩でも前に進めた方がよいはずだ。研究が進まないリスクを、第一に考えるべきなのだ。ただ、その際、省庁間で、大きな問題が起こる可能性も否定できない。このような場合に備えて、総合科学技術・イノベーション会議に仲裁機能を設けてはどうか。それこそ内閣官房や内閣府が行うべきものであろう。

⊙ＧＡＦＡへの対抗軸

自動運転車は、自動運転車本体の位置を正確に把握する必要もあるが、自分の車と隣や対向車線を走る車との相対的な位置関係も正確に把握する必要がある。また、路肩などに設置されたセンサーとも大量のデータのやり取りをして人の動きと現場の詳細な状況も把握しなければならない。さらに、インターネットを通じて新たな機能追加やバグ取りも頻繁に行うようになるであろう。そこで重要なのは、このような大量の通信をいかに瞬時に行うかである。これを実行するためには、第四世代移動通信（4G）と呼ばれる技術では限界があり、現在、研究が進められている第五世代移動通信（5G）と呼ばれる技術を活用して、より安全性の高い自動運転車を目指さなければならない。ちなみに、5Gの実効速度は毎秒数～十数ギガビットと4Gの最大一〇〇倍程度のスピードになり、〇・〇〇一秒で車同士のデータ交換が可能となる。となると、それだけ早く危険を察知できることになり、交通事故が激減すると思われる。なお、この技術については、二〇一七年には国際標準化が決まり、日本では二〇二〇年の東京オリンピック・パラリンピックを目標に5G

のサービスが開始される予定となっている。これに合わせる形で、自動運転車にも5Gが活用されることになる。

自動運転だけでなく、「コネクテッドカー」の重要技術にもなりえる5Gなどの通信技術については、まず、非競争部分について国際標準化を行わなければならない。そのうえで、5Gのアプリケーション開発などの標準化以降の商品力に直結する技術が各企業の競争力の源泉となる。そのような分野は、現在、スウェーデンのエリクソンやフィンランドのノキアが強いと言われている。したがって、日本企業が少しでも開発を怠り競争に乗り遅れてしまうと、場合によっては、市場から退出しなければならなくなってしまうだろう。

今後は、非競争部分では早期に国際標準化を行わなければならないが、競争部分については自前主義にこだわらず、スピード重視で自らの足らざる部分を補完しながら急激な変化に対応し成長していくため、合従連携が頻繁に行われると考える。すでに、半導体企業のインテルや通信機器企業のエリクソン、ノキアに加えて、BMW、アウディ、ダイムラーなどの自動車組立メーカーが業界の壁を越えて連携している。日本企業も、トヨタが5Gの実用化をにらみNTTと提携を決めている。また、仏ルノー・日産連合は「コネクテッドカー」の開発で米マイクロソフトと提携している。今後、この動きがさらに加速化すると思われ、その流れに日本企業も乗り遅れてはならないのである。

このような通信技術が進化するのを前提として、インターネットを通じ、新たな機能を追加したり、バグを取ったりする技術が注目を浴び始めている。つまり、「コネクテッドカー」の機能の一つとして、インターネットを通じてクルマの頭脳とされるソフトウェアを書き換え、クルマの機能をアップデートするOTA（オーバー・ジ・エア）の技術であり、すでに、米テスラでは一部実用化されている。自動運転車の車載ソフトウェアは、技術や制度の進展とともに、今後、変更を余儀なくされるケースが多くなる必然性が高いため、日本企業もOTAの技術の確立に努めるべきである。

車載型半導体についても、自動運転をにらみ主導権争いを繰り広げている。

まず、GPU（画像処理半導体）というAI半導体で先行している米エヌビディアは、トヨタを始めとして、独アウディ、独ダイムラー、米テスラ、米フォードモーター、独フォルクスワーゲンなどとAIを使った自動運転車の開発で提携している。

一方、CPUの雄である米インテルは、二〇一五年一二月、AI半導体として有力とされているFPGA(注7)の大手の米アルテラを買収している。また、二〇一六年八月、AI分野の新興企業、米ナバーナ・システムズを買収する意向を示している。二〇一七年八月に

図 33　AI 関連の半導体企業の動き

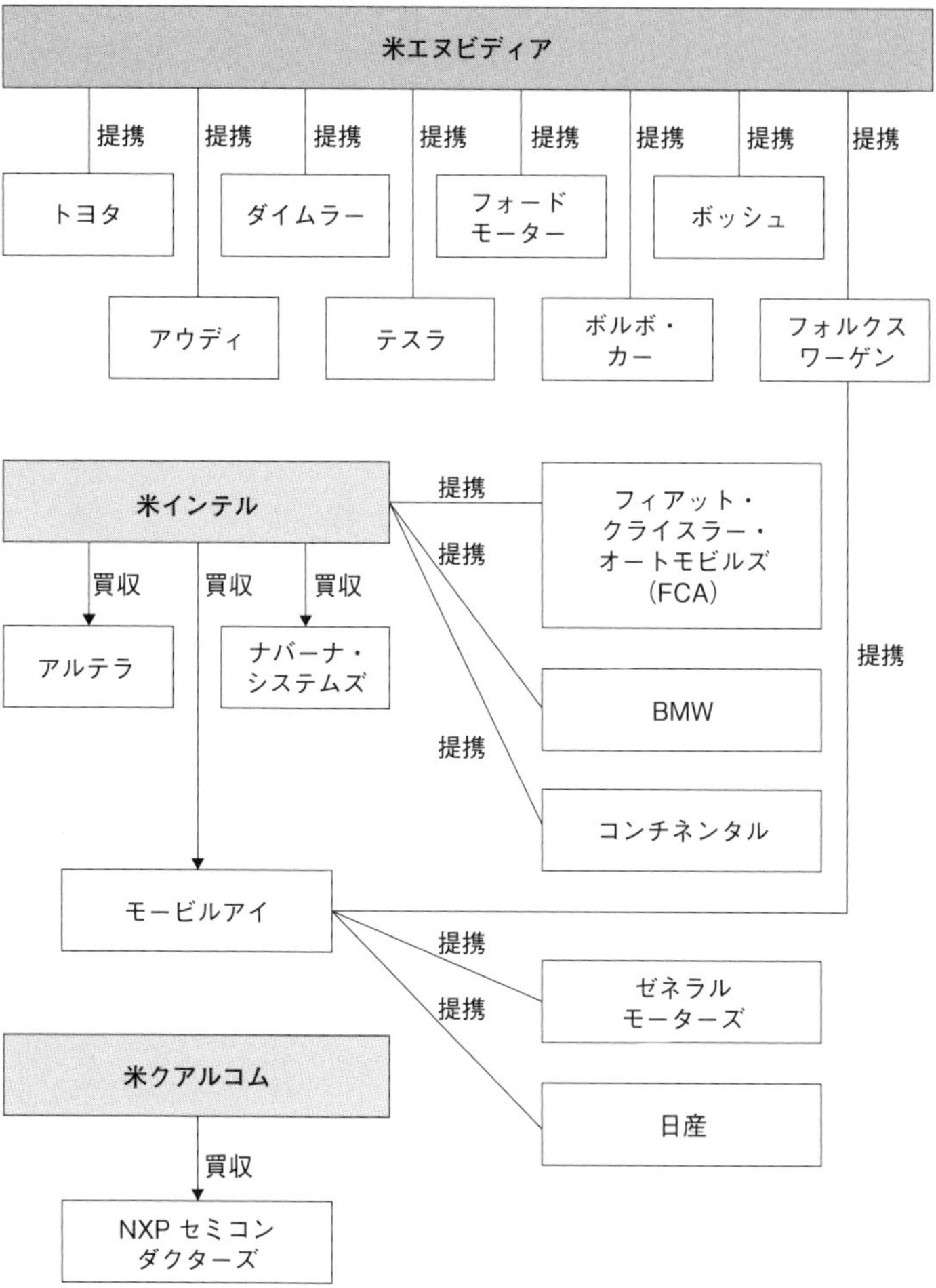

（出典）日経ビジネス[2017]を基に筆者が修正

は、先進運転支援システム用半導体のモービルアイ（イスラエル）を買収した。

スマートフォン向け半導体の世界最大手の米クアルコムは、二〇一六年一〇月、車載半導体の世界最大手のオランダのNXPセミコンダクターズを買収することを発表している。

それらに対する日本の半導体企業の歩みは遅いが、ルネサスエレクトロニクスは、二〇一七年二月、米インターシルを買収している。ただし、インターシルは電源管理用の半導体の開発が主たる業務なので、自動運転用の車載型半導体とは関係なく、そもそもの分野では、エヌビディア、インテル、クアルコムよりも相当遅れているといわざるをえない。

車載型半導体は、自動運転車のコア技術となり、自動運転車の性能を左右する重要な技術になる可能性が高いため、各企業はスピード重視で、自前主義ではなく強者連携による技術補完に傾いている。そのようななかで心配な点は、この強者連携に日本企業の顔が見えないことだ。

前にも指摘したが、データを「クラウド側」で蓄積するよりも、「センサー側」すなわち「エッジ側」で対応する方が、セキュリティ問題を回避でき、レスポンスが早くなるた

表34　日本の強み・弱み（認知）

要素技術	強み・弱み	競争の状況
ミリ波レーダー（物体（障害物）の検知）	△	欧州系56%、米系34%、日系10%
カメラ（物体（障害物の識別）	△	イスラエルのモービルアイが圧倒的存在感。なお、米インテルによるモービルアイ買収表明など競争が激化
レーザーレーダー（走行可能な場所の検知）	△	欧州系サプライヤーが市場の大宗を占め、日系サプライヤーの存在感は限定的

（注）経済産業省[2017]を基に筆者が修正

め、自動運転に適している。「センサー側」デバイスとしては、ミリ波レーダー、カメラ、レーザーレーダーがあり、それら技術は日本企業が特に秀でている分野ではない（**表34**）。しかし「センサー側」の機能を単なる「目」の機能だけではなく、「解析」という高付加価値部分を「クラウド側」から「デバイス側」に移行するようなデバイスを開発できるのならば、データを占有しているGAFAという強力な先行者への対立軸を持つことにつながり、自動運転に関して、日本企業の競争条件を有利に導くことになるだろう。

最後に、自動運転車の最大の脅威はセキュリティリスクである。具体的には、自動運転車が外部より不正にハッキングされると、自らが制御できなくなり、乗車している人や周囲の人が大きな被害をこうむることになる。これは、自動運転に限ることではないが、IoTの時代となると、すべてのモノがつながる社会となるので、外部からのハッキングを防ぐ手段を考えることがなによりも重要となる。

「トロッコ問題」と倫理的課題

すべてが自動運転車になると人為的なミスがなくなるため、交通事故は激減すると思われる。現在（二〇一六年）、日本の交通事故は年間四九万件、事故死亡者はおよそ四〇〇〇人であるが、その大宗を占めるドライバーの過失に起因する事故はなくなるはずだ。

しかしながら、やっかいな問題も出てくる。ある命を救うために、別の命を犠牲にしてよいのかという「トロッコ問題」もその一つである。もちろん、不正にハッキングされないなどの技術の成熟度も重要であるが、「トロッコ問題」は人々が安心して自動運転車を使うための心理的な障害になりうる。

「トロッコ問題」とは、線路を走るトロッコが制御不能で止まれなくなり、そのまま走ると五人の作業員を轢いてしまうことになるが、分岐点で進路を変えると、その先の一人の作業員を轢いてしまうという場合に、進路を変えることが正しいか否かという思考実験である。これを自動運転車に応用すると、例えば、道路が突然陥没し、直進すれば穴に落ちてドライバーが死んでしまうことになるが、方向転換すればドライバーは助かるが、その先にいる五人の人間を轢いてしまうという時に、どちらを選択すべきか、という問題である。(注8)被害者の数からすれば、直進する選択が正しいと思うし、プログラミングもそうすべきとの意見が多いと思うが、実際、自身がドライバーとなると、話が別である。この事象が起こる確率はほとんどないとしても、ドライバー自身を傷つけるようにプログラミングされた自動運転車を購入する人はいないのではないかと思う。

これに対する私の整理は、まず、自動運転車をタクシーのように単に利用するのみのケースと自動運転車を所有しているケースに分けて考えるというものだ。前者については、ドライバーの生命を第一に考えず、被害を最小限におさえるようにプログラミングし、ドライバーもそれを了解して搭乗すべきだと思う。他方、後者については、ドライバーの生命を第一に考え、そのうえで被害を最小限にプログラミングするものと、ドライバーの生命を第一に考えず、単純に被害を最小限にプログラミングをするものと選択制にできるようにしてはどうだろう。「生命の選択」を事前に決めるのである。

なお、ドライバーの生命を第一に考える場合は、ドライバーの被害に対する責任を、被害を最小限にプログラミングするケースよりも重くするような対応が必要である。いずれにしても、「トロッコ問題」のような例は、確率的にほとんど起こらないと思われるが、事故が起こった場合に備えて、その予見性を高めることは重要である。

ただ、プログラミングの設定状況、被害の大きさ、事故の原因などは個別に異なるので、ケースバイケースで賠償割合を決めなければならない。なぜなら、事故はドライバーの過失は想定できず、交通システムの欠陥などが関係している可能性もある。事前に賠償割合を決定するのが困難と考えるからだ。

コラム

日本のダイナミックマップ戦略

自動運転車に必要不可欠なのが地図である。もちろん、センサー等で随時周辺環境を把握する精度は高まっているが、基本となる地図情報がないと情報処理量が膨大になり、自動運転の瞬時の判断に支障をきたす。したがって、従来のカーナビゲーションに用いた地図より格段に高精度で、かつ三次元で最新情報に更新された地図（ダイナミックマップ）が必要になる。現在、その開発競争が激しさを増しており、地図情報を持つ企業の争奪戦が繰り広げられている。

ダイナミックマップに関し、世界は大きく三つの勢力に分けられる。

まず、グーグルマップやグーグルアースなどを展開するグーグル（アルファベット）。

次に、他の二者と比較して小ぶりではあるが、アップルなどに地図情報を提供しているカーナビゲーション大手のオランダのトムトム。

最後に、ドイツのＨＥＲＥが挙げられる。ＨＥＲＥはフィンランドのノキアの地図事業部門であったが、二〇一五年八月、ドイツのアウディ、ＢＭＷ、ダイムラーの三社が買収している。

日本は古くからの地図メーカーはあるものの、自動運転に用いる地図という観点から見ると、たとえ日本国内の地図であっても国際競争力があるとはいえない。そのようななか、自動運転に対応する高精度三次元デジタル地図「ダイナミックマップ」を、オールジャパンで開発する動きが始まった。内閣府の戦略的イノベーション創造プログラム（ＳＩＰ：Cross-ministerial Strategic Innovation Promotion Program）の枠組みの一つに自動走行プログラムがあるが、そこで「地図情報の高度化技術（ダイナミックマップ）」が検討されている。具体的には、三菱電機、ゼンリン、パスコ、アイサンテクノロジー、インクリメント・ピー、トヨタマップマスターの六社が二〇一五年度からダイナミックマップの仕様を検討している。

その国家プログラムに呼応して、二〇一六年六月、その枠組みを基本とした、右記六社と日系の主要自動車メーカー九社も加えた一五社が、「ダイナミックマップ基盤企画株式会社」を設立した。さらに、二〇一七年六月には産業革新機構も出資し、「ダイナミック基盤株式会社」に社名を変更し、事業会社として生まれ変わった。ちなみに、同社は自動走行・安全運転支援システムの高度化に貢献する高精度三次元地図データの整備提供ニーズに迅速に対応するため、二〇一八年度までに国内の高速道路・自動車専用道路の地図データ整備を完了することを目標としている。

しかしながら、日本企業の中で一番進んでいる同社であっても、国内の高速道路・自動車専用道路以外の対応はまだ決まっていないし、海外のダイナミックマップについてはほとんど知見がない。ＨＥＲＥと協力することとなっていると聞くが、具体的な連携が見えておらず心もとない限りである。

海外のダイナミックマップを利用できない状況となれば、日本企業の自動運転車の海外展開は、夢のまた夢である。今となっては、日本企業が一から海外のダイナミックマップを作るというのは現実的ではない。グーグルやＨＥＲＥ等の海外の先進企業とのアライアンスを早急に組む必要がある。

最近、三菱電機がＨＥＲＥと、ゼンリンがトムトムと提携すると発表した。これらはまだ海外の地図データの活用まで至っていないが、初めの一歩としては朗報である。

終章

日本の産業構造をどう変えるべきか

第4次産業革命のニュービジネス

第四次産業革命によって、日本の産業構造が根底から変わりつつある。特に、日本の産業に大きな影響力をもつ自動車産業も大きな変革の兆しを見せている。

「CASE」のうち、ConnecttedとElectricは、自然体で加速度的に自動車産業に導入されるであろう。Autonomousは、技術の進捗《しんちょく》を見ながら法制度を段階的に変更しなければならないし、社会受容性（パブリック・アクセプタンス）の状況も見なければならないので、スケジュール的には確定しにくいが、受け入れの方向は変わらない。問題となるのは、Sharingであろう。しかも「CASE」は、それぞれが関係しあっているので、Sharingをどうするかによって、他の「C」「A」「E」も大きく影響を受ける。

この大きなうねりのなかで、日本政府、日本企業はどうすべきなのか。

江戸時代の鎖国よろしく、AI、IoTや、その産業応用として導入コストの高いシェアリングエコノミーを全く受け入れない社会を作るという戦略もある。しかし、それらはすでに浸透しつつあり、世界的には競争激化の様相を呈している今となっては現実的では

表35　第4次産業革命におけるニュービジネスの選択肢

選択肢	評価
新規企業もビジネスモデルも全面的な参入拒否	すでに、AI、IoTや、その産業応用であるシェアリングエコノミーは浸透しているため、現実的ではない
新規企業の参入は拒否するも、ビジネスモデルは受け入れ	新規企業や国内需要者の要望が高まり、結局、一部新規企業の参入を許す可能性も（中途半端）
全面的に参入受け入れ	新規企業と既存企業との競争条件が異なり、結果として、市場を歪める可能性も
一定期間、一定条件下で新規企業を参入（テスト参入）、その後、本格受け入れを判断（レギュラトリー・サンドボックス）	・本格参入時に新規企業と既存企業の競争条件を同じにすれば市場を歪めない ・新規企業に日本企業が名を連ねるように留意

ない。

したがって、それらをある程度受け入れざるをえないが、その受け入れの度合が問題になる。まず、一番、保守的な案としては、シェアリングエコノミーのなかで現行の法律に抵触しそうな事業は認めないという戦略がある。ただし、そのビジネスモデルを合法的な範囲で既存企業に取り入れつつ新規企業をも迎い入れ、既存産業に変革を促すという対応が考えられる。

これは、ウーバーテクノロジーズに対する現在の日本政府の対応である。既存企業を守りつつ、その変革を促すという意味ではよい提案のように見えるが、中途半端な改革と評価されるのではないだろうか。今後、参入できない新規企業の不満が高まり、外圧や国内ユーザーからの圧力に耐えかねて徐々に新規企業の参入を認めることになりかねず、結局、中途半端に新規企業を参入させることになるのではないか。

また、これが一番重要であるが、これら新規企業が作る新たな「海外」の市場に日本企業が参入できないのではないかという懸念が生ずる。言うまでもなく、今後、日本は人口減少、少子高齢化の時代を迎え、国内需要だけで国家を維持していくことは難しく海外にも市場を求めざるをえない。国内の既存産業を過度に守ることで国内の当該分野の産業・企業を育成できず、その結果、日本企業の当該分野の海外市場への参入を難しくしてしまうことになる。これは代償として、あまりにも大きすぎるのではないだろうか。

次に、今すぐ新規企業の参入を許すという戦略もある。これは法制度が必ずしも十分に整備されていない、産業が確立していない新興国であれば受け入れられるかもしれないが、日本のように法制度が確立し、既存産業が幅を利かせている国では軋轢が大きい。まず、この新しいビジネスを合法化するために法制度を改正する必要があるし、その法制度の改正も未知の部分が多く、行政コストが相当かかると推測される。また法制度を改正するために、既存の企業との間で多大な調整コストがかかる可能性が高い。仮に既存企業の主張を尊重せず、新規参入企業が立ち振る舞うのに有利なように法制度を改正して参入を許すということになると、見た目はいいがサステナブルな経済厚生の向上につながらない恐れがある。その際の視座は、新規参入企業と既存企業とがイコールフッティングになっているか、否かということである。

具体的には、第4章でも指摘したが、既存企業は法人税、消費税など各種税金を払っているのに新規企業は払っていないということのないように競争条件をチェックする必要がある。有利な競争条件で新規企業が参入して市場を席捲し、その影響で既存企業が退出した後に新規企業も何らかの理由で撤退した場合、その市場を請け負う企業がなくなってしまう。同じ競争条件で既存企業が市場から退出していくのならば市場メカニズムの結果として甘受できるが、新規参入企業に有利な競争条件を設定して、既存企業が退出した後、それらを呼び戻すことはかなわないということを肝に銘ずるべきである。

Airbnbとホテルや旅館との関係は、そういったケースに該当するかもしれない。Airbnbのようなプラットフォーマーや部屋の貸手は各種税金を払っていないが、一般的にホテルや旅館は各種税金を払っているので、競争条件がイコールフッティングでないという議論である。ユーザーはAirbnbを導入してほしいと思うかもしれないが、導入によってホテルや旅館が撤退してしまった後、Airbnbを使っていたユーザーが再びホテルや旅館を使いたくなることもあるだろう。安全面やサービスの観点からホテルや旅館を常に選ぶ人もいる。さらにAirbnbがその地域の市場から撤退してしまう可能性を想定すると、中期的にはユーザーが不利益をこうむる可能性も高いのだ。市場のサステナビリティを考えるべきなのである。

地方都市にウーバーテクノロジーズが参入して問題となるケースも考えられるだろう。例えば、地方都市にウーバーテクノロジーズが参入したことで採算が合わなくなったタクシー会社がすべて撤退した後で、ウーバーテクノロジーズも撤退するということも生じるはずだ。

特に注意を要するのが外国企業である。外国企業は参入するのも早いが撤退するのも早い。グリーンフィールドで大きな利益を得た後、さっと撤退し、後は残ったユーザーが今以上に不自由になるということにもなりかねない。

最後の案は、今までの二つの中庸の戦略である。つまり、一定の期間、一定の条件下で新規企業を参入させて（テスト参入）利害得失を考え、数年後、本格的な参入の可否を決定するというものである（本格参入）。テスト参入の時の留意事項としては、あまり厳格にイコールフッティングを考えずに、まず期間を限定して影響を見ることに重点を置いてはど

表 36 「レギュラトリー・サンドボックス」と特区の比較

	レギュラトリー・サンドボックス	特区
使い方	取り組みたい事業がある企業が規制当局に申請	規制改革メニューの活用事例を、首長などが区域会議で決定
効果	当局が期間限定で業法などを凍結し、技術の実証実験が可能に	諮問会議を経て、内閣総理大臣が規制改革を認定
課題	規制の凍結は一時的な措置 本格的な緩和につながるか未知数	規制緩和される地域が限定 政府との調整に時間がかかる

（出典）日本経済新聞[2017]をもとに筆者が加筆・修正

うだろう。従来、新規企業は規制によって新しいビジネスモデルを実際に試せないため、具体的なニーズを証明できないと考えているし、規制当局は具体的なニーズを証明できなければ、規制改革に踏み切ることができないと考えている。この悪循環を脱却するために、現在、政府が提唱している「レギュラトリー・サンドボックス」のような制度を活用することが適切だ。「サンドボックス」とは砂場のことだが、これは子供たちが砂場で遊ぶように規制を一時的に凍結し、自由に新事業を試み、迅速な実証を可能にするという制度である。これは地域限定の特区のものもあるが全国規模で期間を限定して規制を凍結するケースもある。具体的には、新規事業者が「レギュラトリー・サンドボックス」を発案し、それを官側（省庁、都道府県、市町村など）と地元住民が採択するか否かを決めるというやり方である。ただし、ここで注意しなければならないのは、既存産業については、意見は聞くが、決定権を与えないようにすべきである。採用する際には、新たなビジネスモデルを導入することにより、国民がサステナブルに生活水準を上げられるかどうか（あるいは、現在の生活水準を維持することができるのか）という視点で考えるべきであり、既存産業の維持に重点を置くべきではない。

その際、新規参入企業は複数社であるのが望ましい。例えば、ライドシェアリングであったらウーバーテクノロジーズだけではなく、日本のベンチャー企業を含む複数社の同時参入、あるいはウーバーテクノロジーズと日本企業の連合体の参入を目指すべきである。というのは、前述のとおり、新規企業が参入して既存企業の撤退を決め、その後、新規参入企業も撤退してしまうと、そのビジネスを行う企業がいなくなってしまうからだ。さらに、特に日本企業の参入を促すのは、今後の海外展開を見据えた対応を考えているからである。

テスト参入終了後、本格参入の際に重要なことは、イコールフッティングで競争する環境を整えることである。もちろん、短期的な消費者のニーズも尊重すべきではあるが、前述のとおり新規参入企業は各種税金を払っていないのに既存企業は各種税金を払っているという競争条件であれば、税金を払っていない新規参入企業の方が有利に決まっている。

表37　アメリカにおけるウーバーテクノロジーズのドライバーとタクシードライバーの比較

		ウーバーのドライバー・パートナー	タクシードライバー・自家用車運転手
週労働時間	1～15時間	51%	4％
	16～34時間	30%	15%
	35～49時間	12%	46%
	50時間以上	7％	35%
時間当たり収入	シカゴ	16.23ドル	12.54ドル
	ニューヨーク	23.69ドル	15.74ドル
	ロサンゼルス	18.43ドル	14.53ドル
	全地域平均	19.35ドル	12.56ドル

（出典）Hall and Krueger［2016］をもとに筆者が加筆・修正

これはアンフェアな競争になるし、市場メカニズムが歪められるので、留意する必要がある。

イコールフッティングで競争条件を一致させた場合、新規参入企業と既存企業は共存できるかもしれない。ウーバーテクノロジーズのドライバーに対するアンケート調査によれば（二〇地域、六〇一人を対象）、平均的なタクシードライバーのうち週五〇時間以上運転している割合は、全体の三五％であるのに対し、ウーバーテクノロジーズのドライバーのうち週一～一五時間運転している割合は、全体の五一％を占めている。(注1)

これは、タクシードライバーは専業で

行っている人が多く、ウーバーテクノロジーズのドライバーは、メインの仕事を持ったうえで、副業としてウーバーテクノロジーズのドライバーを行っている人が多いことを示唆している。時間当たりの収入を見ると、シカゴ、ニューヨーク、ロサンゼルスともすべて、ウーバーテクノロジーズのドライバーがタクシードライバーをはるかに超える時給をもらっている。

以上を総合すると、ウーバーテクノロジーズのドライバーは、本業の合間の短時間で高収入が得られる時間帯に集中的に仕事をしている傾向にあり、長時間、仕事をしているタクシードライバーと仕事を住み分けられると考える。

縮小均衡に陥らぬために

自動車産業は第四次産業革命によって大きな変革をせまられているが、その果実を労働力不足対応（人間との代替と効率性の向上）だけで終わらせないために、新しい付加価値を創出するメカニズムを用意する必要がある。そのために、政府も既存産業の企業優遇から新規参入企業と既存企業との協調・競争社会へ、産業目線から消費者目線の産業構造の変革へ、その政策の方向を変えることが必要不可欠だ。

それによって失うものより得るものの方が大きくなる。既存産業との関係では中期的に新規参入企業とのイコールフッティングの環境を構築する必要があるが、両者への過度な配慮は不要と考える。

例えば、自動運転車は、交通事故の減少、人流・物流の効率化、人手不足の解消のほか、移動困難者の解消、離島等における生活必需品流通の改善、移動時間の有効活用等の便益が得られ、それらはすべて社会的な要請に応えるものだ。さらに、車内時間活用サービス、無人交通サービス、無人物流などの新たなビジネスが生まれる可能性もある。

他方、負の側面としては、既存産業に勤務していた人々のなかには、職を失う人も少なからずいるであろう。彼らが次の職を得るため、新たなスキルの習得が求められる。そのためのセーフティネットをしっかり用意しておく必要がある。

もちろん未知な部分も多く、第四次産業革命の荒波を、自動車産業も受けることになるが、今までの法制度や慣習にとらわれ、既存産業だけを守り、新たな流れに目をつぶってしまっていては縮小均衡に陥るばかりである。ＡＩ、ＩｏＴで世の中は大きく変わるのは必然であり、抵抗したとしても最後は荒波に飲み込まれるだけである。ただし、第四次産業革命は、一直線で目的地に行けるというものではなく、トライアンドエラーを繰り返し何度も壁にぶつかりながら行き着くことになると思われる。常に試行錯誤が必要であり、石橋を叩いて「渡らない」のではなく、時として「見る前に飛ぶ」ことも必要なのだ。

ソニー社長の平井一夫氏は、業務上の決断に際し、英語で言う「千の質問による死」(death by a thousand questions) からの脱却を心がけているという。つまり、「それは誰に売るのか」「コストはいくらか」などと細かく質問しすぎると、「では不確定要素が多すぎるのでやめよう」ということになるからだ。

その点、アメリカの柔軟性さを見習うべきではないだろうか。アメリカは訴訟社会であり、ひとたび自動運転車の事故が起こると、多額の損害賠償金を支払うことになってしまう。そのため、その導入に二の足を踏むと考えるのが通常の思考である。しかし、さにあらず。アメリカでは各州が特区のごとく自動運転の実証実験を誘致しようと、規制緩和競争をしている。確かに、アメリカは連邦制で各州が自動運転車に関する規制緩和の権限を持っているから、各州の判断でできるのだと「ぼやき」も聞こえそうだが、日本にも道がある。「レギュラトリー・サンドボックス」や特区などの制度を活用して、まずは試してみることだ。日本は、事故の責任論ばかりがクローズアップされ、あたかもそれが解決されない限りは実証実験も許さずというような風潮が垣間見られる。チャレンジ精神が全くなくなっているように見える。

少し古い話になるが、第一次産業革命の時に、イギリスに「赤旗法」（Red Flag Act）という法律があった。この法律は当時の最先端技術である蒸気式の乗り合いバスに旅客を取られると警戒した馬車運送業者のバックアップでできた法律と言われている。蒸気自動車の最高速度を、郊外では時速六㎞、市街地では時速三㎞の速度制限を設けるとともに、蒸気自動車を、運転手、機関員、赤い旗を持って車両の五五m前方を歩く人の三名で運用することを規定し、赤い旗を持っている人に、騎手や馬に蒸気自動車の接近を予告することを義務付けた。イギリスの自動車産業がドイツに後れをとった要因が、この法律であったと言われている。日本も同じ轍を踏むのであろうか。

どこから始めるか――社会的課題という視点

独アウディは、二〇一七年七月、世界で初めて「レベル3」の機能を搭載した「A8」を発売した。「レベル3」の使用は、中央分離帯のある高速道路で時速六〇㎞以下の走行時という限定つきであるが、それでも画期的なクルマが発売されたことには変わりがない。このように、世界では急激に自動運転車の実用化が進んでいる。スピードが重要なのだ。

それでは日本はどうすべきか。

まず、技術的に実現可能性が高く、日本国内で大きな問題となっている社会的課題を解決するいとぐちとなる対応から始めるのが適切だと考える。例えば、今、ドライバー不足を解消し、円滑な物流体制を構築し、消費者の高度な要求に応える必要性が増しつつある。これらのニーズに対する一つの回答として、高速道路内における「後続無人隊列走行」が考えられる。これは、先頭車両にドライバーが乗り、複数の後続車両は無人で、先頭車両のハンドリング、アクセル、ブレーキの作動状況を取得して車両を制御し、一定の車両距離を保つようなトラック走行である。もちろん、すべて無人化することが最終形であるが、まず、現在の技術で実現可能性も高いので、この「後続無人隊列走行」の実証実験から始めてはどうだろう。

次に、人手不足や赤字が見込まれるなどの理由で移動ニーズが満たされない地域（特に少子高齢化が進展した地域）を解消するため、無人走行による移動サービスの実証実験を始めることも必要だ。市街地のようにクルマや人の通行が多い地域では難しい面もあるが、不確定要素の少ない地域ならば格好の実証実験の場となる。同時に、短期的に地域のニーズにも応えられる。

なお、両者とも既存法制を凍結しないと対応できないので従来の特区ではなく前述の「レギュラトリー・サンドボックス」で対応することとなる。すでに材料は揃っており、決断するか、決断しないかの段階だ。

このような実証実験を通じ、身近に自動運転をイメージできる「現場」が増えると、国民の自動運転に対する受容性も高まっていくのではないだろうか。安全を確保しながら、簡単な実証実験（専用空間、地方）から複雑な実証実験（一般道路、都市部）へ、段階的に進めることにより、社会受容性も高まっていくと考える。

ベンチャーを活かす

今まで、トヨタ、ホンダなどの自動車組立メーカーを頂点とする「系列」が中心となってクルマは製造され、それが、自動車産業の大部分を占めていたが、この製造業の割合が低くなる一方、自動車関連サービス業の割合が高くなり始めている。

自動車製造業自体も、今までのメカニカル・エンジニアリング中心からＩＴの占める範囲が増している。ＩＴは、自動車関連サービス業でも重要な役割を果たすようになっている。つまり、中長期的には、自動車産業の中心となる企業の顔ぶれが大幅に変わる可能性が高いということだ。自動車産業の雇用構造は大幅に変わり、今まで多くの人員が必要だった自動車製造業のメカニカル・エンジニアから、広義のＩＴ人材、サービス人材が多くを占める産業に移行していくものと思われる。

初めの一歩として、ガソリンエンジン車から電気自動車への移行で自動車製造業の産業構造が大きく変化すると考えられるが、その電気自動車へのシフトを巡り、すでに独ダイムラーでは労使が対立し始めている。従業員代表は、電気自動車用の部品の生産や開発をこの工場に割り振らなければ、残業を一切受け入れないと主張した。(注2) この工場は、メルセデスベンツのエンジンや変速機などを生産するシュツットガルトにある主力工場であるため、電池とモーターが主力になれば、従来のガソリンエンジンや変速機が不要になると考え、従業員は危機感を抱いたと考えられる。このように、自動車産業の一大変革に伝統的な自動車組立メーカーがどう対応していくのかは、技術のみならず、雇用に大きな影響を与える難しい問題となる。企業も変わらなければならないが、同時に従業員も変わらなければ、この難問に対応できない。

自動運転やシェアリングエコノミーが進むと、クルマは「所有」するものから「利用」するものへと変わってゆき、コネクテッドカーが進化すれば、インターネットを通じた新しい機能の追加ができるようになり、クルマの生産台数も大きく減るだろう。同時に自動車産業の付加価値額も大幅に減るかもしれない。

一方、移動コストが減り、社会全体の移動量が増えれば、短期的には、一台一台の稼働率が向上し、クルマの装備が充実したり、買い替えが進むといった経済効果が生じるかもしれない。そうなると、新車の販売台数が激減するどころか、増える可能性もある。

雇用にも大きな変化が起きる（**表38**）(注3)。製造ラインの工員、検収・検品員等の仕事は、IoT、ロボット等によって省人化・無人化工場が定常化し減少するし、企業の調達管理部門、出荷・発送員も、IoTを駆使したサプライチェーンの自動化・効率化等により、仕事が減少するだろう。このようにミクロ、マクロの考察により定性的な雇用の方向性は示せるが、定量的な予測数値は前提により大きく振れ、また、「合成の誤謬」もあり、あまり意味のあるものではないかもしれない(注4)。

有識者の多くは第四次産業をポジティブに捉え、雇用減少の脅威ととらえるのではなく、ＡＩ、ＩｏＴに関連する雇用を増やして、人間にしかできない業務に従事し、人口減少、少子高齢化による人手不足対策に位置づけるべきとの主張が多い。確かにマクロで見ればそのとおりかもしれないが、ミクロで見れば、雇用のミスマッチが起こる可能性が高い。

ドイツでは、インダストリー４・０を背景に、デジタル化で雇用が減るという漠然とした不安を抱えている労働者は多く、労働組合も危機感を抱いている。しかし、近年、インダストリー４・０は労働者にとって脅威となるばかりではなく、生産効率が高まり工場が国内に回帰するなどチャンスになる可能性にも目を向け始めているという。そのため、労使と学が一緒になって、職場での研修制度を充実させ、デジタル化による脱落者を極力減らすような努力を始めている。

このような状況で行わなければならないことは、まず職業転換や職種転換の研修制度の完備である。第四次産業革命は、デジタル時代の到来と言っても過言ではないのであるから、その技術を中心とした研修を政府のみならず企業の責務として行うべきだ。政府の対応としては職業転換に必要な職業訓練の機会を増やすとともに、その期間の収入保障の充

表38　第4次産業革命による「仕事の内容」の変化

上流工程（経営企画・商品企画・マーケティング、R&D）	様々な産業分野で新たなビジネス・市場が拡大するため、ハイスキルな仕事は増加。 データ・サイエンティスト等のハイスキルの仕事のサポートとして、ミドルスキルの仕事も増加。 マスカスタマイゼーションによって、ミドルスキルの仕事も増加。
製造・調達	IoT、ロボット等によって省人化・無人化工場が常識化し、製造に係る仕事は減少。 IoTを駆使したサプライチェーンの自動化・効率化により、調達に係る仕事は減少。
営業・販売	顧客データ・ニーズの把握や商品・サービスとのマッチングがAIやビッグデータで効率化・自動化されるため、付加価値の低い営業・販売に係る仕事は減少。 安心感が購買の決め手となる商品・サービス等の営業・販売に係る仕事は増加。
サービス	AIやロボットによって、低付加価値の単純なサービス（過去のデータからAIによって容易に推論可能/動作が反復継続型であるためロボットで模倣可能）に係る仕事は減少。 人が直接対応することがサービスの質・価値向上につながる高付加価値なサービスに係る仕事は増加。
IT業務	新たなビジネスを生み出すハイスキルはもとより、マスカスタマイゼーションによってミドルスキルの仕事も増加。
バックオフィス	バックオフィスは、AIやグローバルアウトソースによる代替によって減少。

（出典）経済産業省［2017］を基に筆者が加筆・修正

実が求められる。企業は職種転換の社員教育の拡充が考えられる。現在、AI技術者の需給ギャップが大きい。例えば、富士通、NECは、社内のIT人材をサイバーセキュリティやAIの専門家とするように再教育を行っているという。政府は、このような社員再教育に力を入れる企業に対し、法人税を減税する仕組みを作るのも一案だ。

次に、この「CASE」

の時代に新規ベンチャービジネスを生み出すようなメカニズムを作ることである。既存産業だけの社会では、自己の存続を第一に考えるため、新たなイノベーションが発生しにくくなってしまう。最近、海外で成功を収めたベンチャー企業が日本に進出する事例を数多くみかけるが、彼らは、日本の国内規制や慣習に苦労する面も多いが、海外での成功から得られた様々なノウハウを活用して、着実に実績を上げている。それに対して日本のベンチャー企業は一部を除いて動きが鈍いし、成長の天井にぶつかっているケースが少なくない。日本の国内規制、慣習に精通し、技術的シーズでいいものを持っている企業も多いのだから、もう少しリスクを取って積極的に活躍してもいいのではないだろうか。既存企業の社内ベンチャー企業にも期待したい。彼らの一歩が、日本にイノベーションをもたらす端緒になるかもしれない。

おわりに

現在の日本の自動車産業は、飛ぶ鳥を落とす勢いである。幾多の困難を乗り越え、ガソリンエンジン車を中心としたラインナップで世界を席巻している。このまま従来技術の延長線上にあるインクリメンタル（漸進的）なイノベーションで進むのであれば、日本企業の絶対的な優位は揺るぎのないものとなるであろう。

しかし今、ゲームのルールが変わろうとしている。ディストラクティブ（破壊的）なイノベーションが起きつつある。ＡＩ、ＩｏＴを活用した自動運転車、コネクテッドカー、加えてライドシェアリングなど、自動車産業の産業構造と雇用構造を根本から変える動きが重層的に到来している。

日本企業は大丈夫なのだろうか。アライアンスの締結や研究所を新設したとの動きは聞くが、「アウトプット」はなかなか聞かない。

一昔前、「技術で勝ってビジネスで負ける」というのが日本のパターンであると言われていた（妹尾堅一郎『技術力で勝る日本が、なぜ事業で負けるのか――画期的な新製品が惨敗する理由』ダイヤモンド社、二〇〇九年）。ＤＶＤにしても液晶にしても、技術的な優位性はあったが、未熟な経営戦略で世界シェアをどんどん失っていった。自動車産業はどうであろうか。

ビジネスは実証実験段階のものもあるので何ともいえないが、「技術」の世界では相当怪しくなっている。グーグル、テスラなど突破力のある新興企業は技術で力をつけ、今にもビジネスの世界に突入する勢いだ。

半導体では、エヌビディア、インテル、クアルコム。３Ｄ地図では、ＨＥＲＥ、トムトム、グーグル。ライドシェアリングでは、ウーバーテクノロジーズなどが巷を賑わせている。日本企業の存在感はない。このままディストラクティブ（破壊的）なイノベーションが進んでいくと、日本は技術も持っておらず、ビジネスもだめという最悪の事態になるのではないだろうか。

ディストラクティブ（破壊的）なイノベーションの中で、起死回生の一打は何か。これは終章でも記したが、従来技術の延長線上にはない変化が生じているので、やはりまずベンチャー企業の創出に期待したい。ただ、日本のイノベーションの担い手は大企業であり、優秀な人材はまだそこにいる。ベンチャー企業の質・量ともに充実させるだけでなく、職種転換を通じて大企業を再活性化させ、アジャイルな企業経営をしたり、コーポレートベンチャーとして独り立ちさせるという選択肢も有効だ。

傍から見て「ちょっとおかしい」と思われるようなことでもしないと、この窮地を脱することはできないのではないか。その昔、自動織機を作っていた豊田自動織機製作所がその一部門の自動車部を独立させて、トヨタ自動車工業を作ったような、過去の成功を思い切って振り払うような発想の転換が必要なのだ。それほど、日本の自動車産業は危機の真っただ中にある。

(4)　公正取引委員会競争政策研究センター[2017]

(5)　以前は,「合理的かつ非差別的(Reasonable And Non Discriminatory)な条件(RAND条件)と言われたが,近年では公正(Fair)な条件も含めてFRAND条件でライセンスを求めるようになってきた。

(6)　2006年,連邦最高裁は,いわゆるイーベイ判決に際し,差止命令が出されなければ原告が耐え難い損害を被ること,などを考慮要因とした。その結果,パテントトロールは一般的に保有特許を用いて製品等を製造している訳ではないため,金銭賠償を受けさえすればよく,差止請求を出すほどではないというのが通説となり,パテントトロール問題は沈静化しつつある。

(7)　FPGAとは,Field-Programmable Gate Arrayの略であり,製造後に購入者が構成を設定できる集積回路である。広義には,PLD(プログラマブル・ロジック・デバイス)の一種。

(8)　自動運転車には当然ドライバーはいない。ここでいうドライバーとは,自動運転に搭乗している人のことをいう。

終章

(1)　Hall, Jonathan and Alan Krueger[2016]

(2)　日経産業新聞[2017]

(3)　経済産業省[2017]

(4)　なお,経済産業省[2017]では,序章の表4に示したように,それぞれの職業分類ごとの従業員数増減を示している。

して，運行管理，運転者の要件（二種免許の取得），保険加入等を義務付け，輸送の安全等を図ることとしています。必要な許可等を得ずに旅客を運送すること（いわゆる「白タク」）は，輸送の安全等が確保されないため，認めておりません。」としている。また，国土交通省［2017］でも，「運行管理や車両整備等について責任を負う主体を置かないままに，自家用車のドライバーのみが運送責任を負う形態を前提としており，このような形態の旅客運送を有償で行うことは，安全の確保，利用者の保護等の観点から問題があり，極めて慎重な検討が必要である」としている。

（7） 藤井直樹［2016］は，「地方部における人口減少を背景に，バスやタクシーの経営が成り立たなくなり，地域住民の足が脅かされる事態を避けるため，2006年より自家用車による他人の有償運送が，運行・整備の管理者（地方自治体，NPO等）を置くことを前提に認められており，現在500強の実績がある。」としている。

（8） 当然，ドライバーを個人事業者とみなせば，売上高が1,000万円以下の場合，消費税は非課税となる。

（9） 森信茂樹「シェアリングエコノミーの税逃れ，保障漏れに誰が責任を負うべきか」（ダイヤモンド・オンライン〔http://diamond.jp/articles/-/127626〕）を参照せよ。
その中で，森信茂樹氏は，「アマゾン，ウーバー，Airbnbなどは，自らの所得は複雑なプランニング（私的契約の積み重ね）を行い，自ら「胴元」として得た利益の大部分（とりわけ米国外で得る利益）を，アイルランドやオランダといった低税率国やタックスヘイブンに移転される租税回避を行っている。つまり実際に彼らが「事業を行っている」国には，納税していないのである。」としている。

（10） 詳しくは，終章の表37の「アメリカにおけるウーバーテクノロジーズのドライバーとタクシードライバーの比較」の説明を参照のこと。

（11） 山崎治［2016］

（12） ちなみに，ホールフーズマーケットは，すでにベンチャー企業のインスタカートを使って買い物サービスを展開していた。具体的には，インスタカートが仲介した代行者が買い物を行い宅配するか，店舗内のロッカーに預けて後で受け取るようなサービスを行っている。

第 5 章

（1） 最近では，Alphabet (Google), Apple, Amazon, Facebook, Microsoftの5大IT企業を念頭に置く場合もある。

（2） 知的財産戦略本部　検証・評価・企画委員会新たな情報財検討委員会［2017］では，データを「個人情報を含むデータ」，「匿名加工されたデータ」，「個人に関わらないデータ」の3類型に分け，そのうち，「匿名加工されたデータ」，「個人に関わらないデータ」を「価値あるデータ」として，それらの有効活用の検討を進めている。ちなみに「個人情報を含むデータ」は，改正個人情報保護法においてビッグデータの適正な利活用の促進のため，「匿名加工情報」の制度を設けたことにより，実態上，「匿名加工されたデータ」と位置付けられ，利活用が進められることになった。

（3） データ流通環境整備検討会［2017］

半導体の競争力の強化につながった。

(5) 1990年初頭，ハーバード大学のポーター教授は，「適切に設定された環境規制は，費用低減・品質向上につながる技術革新を刺激し，その結果，国内企業は国際市場において競争上の優位を獲得し，他方で産業の生産性も向上する可能性がある」(Poter, Michale E [1991])という，いわゆるポーター仮説を主張し，環境規制は企業にとっての費用増加要因となり，生産性や競争力にネガティブな影響を及ぼすという通説に異議を唱え，その後，両者の論争が繰り広げられている。

(6) 中国は今まで外貨を活用しガソリンエンジン車の振興を図ってきたが，その競争優位が確保できなかったため，自国メーカーが単独で参入。容易な電気自動車の積極導入にゲームチェンジしたのではないかとの指摘が多くなされている。

(7) 2017年9月，さらに，デンソーも加え，3社で，電気自動車を開発する新会社「EV C. A. スピリット」(トヨタが90%，マツダとデンソーが5%ずつ出資)を設立した。

(8) 電気自動車用の急速充電器は一番高価なものでも一基300万円程度である。

(9) ダイソンは，2020年に電気自動車の市場に参入することを表明しているが，それに搭載される電池は「全個体電池」を自前で開発するとのことである(日本経済新聞[2017])。

第4章

(1) Bed and Breakfastは，B&Bともいい，イギリス，北米等，主に英語圏各国における，(多くの場合，小規模な)宿泊施設で，宿泊と朝食を提供する民宿(ペンション)。

(2) シェアリングエコノミーの定義は，さまざまなされているが，例えば，宮崎康二[2015]は「2000年代後半以降，スマホの普及と同時に急速に発展した，モノやサービスを共有したり融通し合ったりする仕組み」としている。また，山崎治[2016]は「ITを活用して人々の間でモノの共有を仲介するビジネス」としている。

(3) シェアリングエコノミー全般の解説としては，Arun Sundararajan[2016]，宮崎康二[2015]が詳しい。また，シェアリングエコノミーの最近の動向を時系列的に示したものとして，市川拓也[2016]が参考になる。さらに，ライドシェアリングについて，過去の経緯，各国の状況，法制的な検討，今後の方向性等を記載した山崎治[2016]は，この分野で最も整理されている論文である。

(4) カーシェアリングジャパンは2017年4月，親会社の三井不動産リアルティに吸収合併された。

(5) 内閣官房　情報通信技術(IT)総合戦略室　シェアリングエコノミー検討会議[2016]より引用。Nottecoは，マッチングのウェブサイトを無料にしたり，ドライバーの商業目的を認めないことにより，道路運送法上の規制対象外となっている。その証左として，国土交通省[2017]の第Ⅰ部第2章第2節でも，Nottecoを「中距離相乗りマッチングサービス」の具体例として挙げている。

(6) 国土交通省のライドシェアリングの公式見解として，内閣府[2015]がある。そこでは，「旅客の運送については，輸送の安全，利用者の保護等を図る観点から，道路運送法において，これを行うために必要な許認可等を定めています。具体的には，有償で，旅客を運送する場合には，旅客自動車運送事業の許可等を得ることを求めており，許可対象者に対

(2)　シェアリングエコノミーとは，モノやサービスを共有したり，融通しあったりする仕組みのことをいう。詳しくは，第4章を参照のこと。
(3)　田中辰雄［2009］
(4)　藤本隆宏・武石彰・青島矢一［2001］
(5)　日本経済新聞［2017］
(6)　シェアリングエコノミーの一種のライドシェアリングの特徴は，①タクシー免許を持たないドライバーもサービスを提供し，②乗客がスマートフォンのアプリからクルマを呼び出すオンデマンド型サービスである。詳しくは，第4章を参照のこと。
(7)　2016年，グーグルは，自動運転車の開発部門を独立させ，新会社「ウェイモ」を設立し，その「ウェイモ」をグーグルの親会社アルファベットの傘下に位置付けた。

第2章

(1)　「シェアリングエコノミー」については，第4章で詳述する。
(2)　レベル1が運転支援，レベル2が部分的自動運転，レベル3が条件付自動運転，レベル4が高度自動運転と定義づけられている。（高度情報通信ネットワーク社会推進戦略本部・官民データ活用推進戦略会議［2017］）
(3)　フィンテックとは，IT技術を使った新たな金融サービスで，金融を意味するFinanceと技術を意味するTechnologyを組み合わせて作った造語である。
(4)　自動車製造業を「水平連携」という言葉を使って表し，その目標とするところを，アップルなどの一部の電機産業の現状を示す「水平分業」であるとしている。というのは，「水平分業」のアップルは，各社の役割分担が明確に決まっているが，自動車製造業は，まだ，そこまで至っていない。
(5)　PDCAサイクルとは，Plan（計画）→Do（実行）→Check（評価）→Act（改善）の4段階を繰り返すことにより，業務を改善することをいう。
(6)　SIMカード（Subscriber Identity Module Card）とは，電話番号などの契約者情報が記録された，携帯電話で通信するために必要なICカードのことを言う。

第3章

(1)　『ものづくり白書2015』では，サイバー・フィジカル・システムの定義を，物理的な現実の世界のデータを収集，コンピュータ上の仮想空間に大量に蓄積・解析し，その結果を，今度は物理的な現実の世界にフィードバックするというサイクルをリアルタイムで回すことで，システム全体の最適化を図る仕組み，としている。
(2)　同時に，「スマート工場」等の知見を活用して，製造業のサービス化による新たな付加価値の創造も目指している。
(3)　経済産業省［2015］
(4)　その例外の一つは，超LSI技術研究組合のプロジェクト，いわゆる超LSIプロジェクトである。このプロジェクトの結果，半導体製造装置が2つの方式に集約化され，その後の日本の

注 End Note

はじめに

（1） Christensen［1997］

序 章

（1） KDDI総研［2014］
（2） アンドリュー・ング氏は，2017年3月に百度（バイドゥ）を退職した。
（3） 「第5世代コンピュータ・プロジェクト」は，日本の産業の競争力強化を主眼とした応用研究ではなく，日本政府が資金を拠出し，その研究成果を通じて幅広く国際的に貢献することを主眼とした基礎研究であった。期間は1982年から1994年まで，日本政府が総額541億円拠出したプロジェクトであった。当時，コンピュータの能力やデータ量の限界のあるなか，日本のみならず，世界の人工知能研究者が注目し，集結したプロジェクトであった。研究成果は賛否両論あるが，例えば，中村・渋谷［1995］やOdagiri, Nakamura, and Shibuya［1997］では，中心となって研究を進めた「新世代コンピュータ技術開発機構(ICOT)」に在籍した研究者の論文引用数を同種の研究を行っている大学・研究所等と比較し，プロジェクトの研究成果がこの分野の研究活動に相対的にかなり大きな影響を及ぼしたとした。
（4） 産業技術総合研究所の人工知能研究センターの辻井潤一センター長は，AIを「人間に迫るAI」と「人間を超えるAI」に分類して説明している。
（5） 『2015年版ものづくり白書』のサイバー・フィジカル・システムの定義は，物理的な現実の世界のデータを収集，コンピュータ上の仮想空間に大量に蓄積・解析し，その結果を，今度は物理的な現実の世界にフィードバックするというサイクルをリアルタイムで回すことで，システム全体の最適化を図る仕組み，としている。
（6） 経済産業省［2017］
（7） 細田孝彦［2013］
（8） Ray Kurzweil［2005］
（9） Carl Benedikt Frey and Michael A. Osborne［2013］
（10） 野村総合研究所［2015］

第1章

（1） 海外に進出した企業が，製品等を現地で生産する時，原材料や部品などを現地で調達すること。

pdf/001_04_02. pdf)
知的財産戦略本部　検証・評価・企画委員会新たな情報財検討委員会[2017],「新たな情報財検討委員会報告書　－データ・人工知能(AI)の利活用促進による産業競争力強化の基盤となる知財システムの構築に向けて－」2017年3月.
(http://www.kantei.go.jp/jp/singi/titeki2/tyousakai/kensho_hyoka_kikaku/2017/johozai/houkokusho.pdf)
データ流通環境整備検討会[2017],「データ流通環境整備検討会　AI, IoT時代におけるデータ活用ワーキンググループ　中間とりまとめ」, 2017年2月.
(http://www.kantei.go.jp/jp/singi/it2/senmon_bunka/data_ryutsuseibi/detakatsuyo_wg_dai9/siryou1.pdf)
日経ビジネス[2017],「AI　世界制覇の攻防」2017年5月22日号, pp.24-41.

終　章

経済産業省[2017],「「新産業構造ビジョン」一人ひとりの, 世界の課題を解決する日本の未来」産業構造審議会　新産業構造部会　事務局.
(http://www.meti.go.jp/press/2017/05/20170530007/20170530007-2.pdf)
日本経済新聞[2017],「企業提案で規制凍結, 全国に　「岩盤」に風穴あくか」2017年6月25日.
日経産業新聞[2017],「EVが生む労使対立　ダイムラー, 変革期の試練」2017年6月27日.
Hall, Jonathan and Alan Krueger[2016]"An Analysis of the Labor Market for Uber's Driver-Partners in the United States," NBER Working Paper, 22843.

シェアリングエコノミー協会[2016],「シェアリングエコノミービジネスについて」産業構造審議会 シェアリングエコノミー協会 上田祐司代表理事発表資料.
(http://www.meti.go.jp/committee/sankoushin/shojo/johokeizai/bunsan_senryaku_wg/pdf/004_04_00.pdf)
新経済連盟シェアリングエコノミー推進TF[2015],「シェアリングエコノミー活性化に必要な法的措置に係る具体的提案」.
(http://jane.or.jp/pdf/detail_share20151030.pdf)
内閣官房 情報通信技術(IT)総合戦略室 シェアリングエコノミー検討会議[2016],「シェアリングエコノミー検討会議 中間報告－シェアリングエコノミー推進プログラム－」.
(http://www. kantei.go.jp/jp/singi/it2/senmon_bunka/shiearingu/chuukanhoukokusho. pdf)
内閣府[2015],「27年度 規制改革ホットライン検討要請項目の現状と措置概要(国土交通省その1)」11ページ, 管理番号270630022.
(http://www8. cao. go. jp/kisei-kaikaku/kaigi/hotline/siryou2/27_kokudo1. pdf)
藤井直樹[2016],「自動車を巡る課題―コンプライアンスと技術革新－」運輸政策研究 Vol.19, No.3, 2016 Autumn, pp.29-35.
(http://www.jterc.or.jp/kenkyusyo/product/tpsr/bn/pdf/no74-topics02.pdf)
宮崎康二[2015],『シェアリングエコノミー Uber, Airbnbが変えた世界』日本経済新聞出版社.
山崎治[2016],「ライドシェアを取り巻く状況」国立国会図書館調査及び立法考査局.
(http://dl.ndl.go.jp/view/download/digidepo_10188917_po_078705.pdf?contentNo=1)
PwC(PricewaterhouseCoopers)[2014],「The sharing economy:How Will It Disrupt Your Business?」.
(http://pwc.blogs.com/files/sharing-economy-final_0814.pdf)
Sundararajan, Arun[2016], "The Sharing Economy: The End of Employment and the rise of Crowd-Based Capitalism," The MIT Press.(門脇弘典訳『シェアリングエコノミー』日経BP, 2016年.)

第 5 章

経済産業省[2017],「「新産業構造ビジョン」一人ひとりの,世界の課題を解決する日本の未来」産業構造審議会 新産業構造部会 事務局.
(http://www.meti.go.jp/press/2017/05/20170530007/20170530007-2.pdf)
公正取引委員会競争政策研究センター[2017],「データと競争政策に関する検討会 報告書」.
(http://www.jftc.go.jp/cprc/conference/index.files/170606data01.pdf)
産業構造審議会 知的財産分科会 不正競争防止小委員会[2017],「不正競争防止法における対応の方向性(第1回配布資料 資料4－2)」.
(http://www.meti.go.jp/committee/sankoushin/chitekizaisan/fuseikyousou/

第1章

田中辰雄[2009],『モジュール化の終焉　統合への回帰』NTT出版.
日本経済新聞[2016],「デンソー,NECと自動運転技術　部品とIT連携」2016年12月24日.
日本経済新聞[2017],「日本車　変わる自前主義　欧州の開発受託大手が相次ぎ拠点」2017年9月23日.
藤本隆宏・武石彰・青島矢一[2001],『ビジネス・アーキテクチャ　製品・組織・プロセスの戦略的設計』有斐閣.

第2章

高度情報通信ネットワーク社会推進戦略本部・官民データ活用推進戦略会議[2017],「官民ITS構想・ロードマップ2017～多様な高度自動運転システムの社会実装に向けて～」平成29年5月30日.
(http://www.kantei.go.jp/jp/singi/it2/kettei/pdf/20170530/roadmap.pdf)
中村吉明[2011],『ゲームが変わった　ポストものづくりの競争をどう勝ち抜くか』東洋経済新報社.
日刊工業新聞[2014],「新技術でシェア拡大のチャンス　進む「自動運転」開発」2014年5月22日.

第3章

経済産業省[2015],『ものづくり白書2015』.
(http://www.meti.go.jp/report/whitepaper/mono/2015/honbun_pdf/)
日経産業新聞[2017],「成長市場　影薄い日本勢　世界シェア57品目本社調査」2017年6月26日.
日本経済新聞[2017],「掃除機の雄　EV走らす　ダイソン,電池も自前」2017年9月28日.
Peter, Michale E.[1991], “America’s Green Strategy,” Scientific America, pp.168.

第4章

市川拓也[2016],「シェアリングエコノミー導入に向けた取り組みと課題～日本における民泊,ライドシェア等の制度的対応について～」大和総研.
(http://www.dir.co.jp/research/report/esg/esg-report/20160802_011130.pdf)
経済産業省[2016],「産業構造審議会商務流通情報分科会情報経済小委員会分散戦略WG中間とりまとめ」.
(http://www.meti.go.jp/report/whitepaper/data/pdf/20161129001_01.pdf)
国土交通省[2017],『平成28年度　国土交通白書』.
(http://www.mlit.go.jp/hakusyo/mlit/h28/hakusho/h29/pdfindex.html)

参考文献 Reference

はじめに

Christensen, Clayton M.[1997], "The Innovator's Dilemma: When New Technologies Cause Great Firm to Fail," Harvard Business School Press.（玉田俊平太監修，伊豆原弓訳『イノベーションのジレンマ――技術革新が巨大企業を滅ぼすとき』翔泳社，2000年）

序　章

経済産業省[2017]，「「新産業構造ビジョン」一人ひとりの，世界の課題を解決する日本の未来」産業構造審議会　新産業構造部会　事務局.
（http://www.meti.go.jp/press/2017/05/20170530007/20170530007-2.pdf）

経済産業省[2015]，『2015年版ものづくり白書』.
（http://www.meti.go.jp/report/whitepaper/mono/2015/）

KDDI総研[2014]，「ICT先端技術に関する調査研究」.
（http://www.soumu.go.jp/johotsusintokei/linkdata/h26_09_houkoku.pdf）.

中村吉明・渋谷稔[1995]，「日本の技術政策－第五世代コンピュータの研究開発を通じて－」通商産業研究所研究シリーズ26.

野村総合研究所[2015]，「日本の労働人口の49％が人工知能やロボット等で代替可能に～601種の職業ごとに，コンピューター技術による代替確率を試算～」2015年12月2日.
（https://www.nri.com/jp/news/2015/151202_1.aspx）

細田孝彦[2013]，「「機械との競争」に人は完敗している　エリック・ブリニョルフソンMIT教授に聞く（前編）」.
（http://business.nikkeibp.co.jp/article/interview/20130416/246769/?P=1）

Brynjolfsson, Erik and Andrew McAfee[2011], "Race Against The Machine: How the Digital Revolution is Accelerating Innovation, Driving Productivity, and Irreversibly Transforming Employment and the Economy," Digital Frontier Press.
（村井章子訳『機械との競争』日経BP，2013年）

Frey, Carl Benedikt and Michael A. Osborne[2013], "The Future of Employment: How Susceptible Are Jobs To Computerisation ?".
（http://www.oxfordmartin.ox.ac.uk/downloads/academic/The_Future_of_Employment.pdf）

Kurzweil, Ray[2005]"The Singularity Is Near: When Humans Transcend Biology," Viking Adult.（井上健監訳『ポスト・ヒューマン誕生－コンピュータが人類の知性を超えるとき』NHK出版，2007年）

Odagiri, Hiroyuki., Yoshiaki. Nakamura, and Minoru. Shibuya[1997], "Research Consortia as a Vehicle for Basic Research: The Case of Fifth Generation Computing Project in Japan," Research Policy 26, pp.191-207.

中村吉明（なかむら・よしあき）
専修大学経済学部教授。1987年、早稲田大学大学院修士課程（建設工学）修了、同年、通商産業省（現・経済産業省）入省。産学官連携やイノベーションに関する実務と研究にたずさわる一方、1996年スタンフォード大学大学院経済工学科修士課程修了、2001年東京工業大学大学院経営工学専攻博士課程修了（博士〔学術〕）。経済産業省・環境指導室長、立地環境整備課長、産業技術総合研究所・企画副本部長などを経て現職。

AIが変えるクルマの未来
——自動車産業への警鐘と期待

2017年12月14日　初版第1刷発行

著　者　中村吉明

発行者　長谷部敏治

発行所　NTT出版株式会社
〒141-8654 東京都品川区上大崎3-1-1　JR東急目黒ビル
営業担当　TEL 03(5434)1010　FAX 03(5434)1008
編集担当　TEL 03(5434)1001
http://www.nttpub.co.jp/

装　幀　小口翔平＋山之口正和（tobufune）

印刷・製本　精文堂印刷株式会社

ISBN 978-4-7571-2368-7　C0034